"十二五"普通高等教育本科规划教材
全国本科院校机械类创新型应用人才培养规划教材

金工实习指导教程

主　编　周哲波
副主编　汪胜陆　黄绍服
　　　　方代正　汤多良

U0201651

北京大学出版社
PEKING UNIVERSITY PRESS

内 容 简 介

　　本书是依据机械工程专业创新型应用人才培养目标的要求，结合作者多年金工实习教学经验编写的。全书分为热加工、切削加工、数控与特种加工三部分内容，共有 8 章，主要讲述工程材料与通用量具、铸造、锻压、焊接、钳工、车削、铣削、刨削、磨削、数控车床、数控铣床、数控电火花加工和实习报告等内容。

　　本书可作为机械类和近机械类各专业本科、专科金工实习的教材，使用本书时可根据各专业的具体情况进行调整。

图书在版编目（CIP）数据

金工实习指导教程/周哲波主编. —北京：北京大学出版社，2013.1
（全国本科院校机械类创新型应用人才培养规划教材）
ISBN 978-7-301-21885-3

Ⅰ.①金…　Ⅱ.①周…　Ⅲ.① 金属加工—实习—高等学校—教材　Ⅳ.① TG-45

中国版本图书馆 CIP 数据核字（2013）第 002442 号

书　　　　名：	金工实习指导教程
著作责任者：	周哲波　主编
策 划 编 辑：	童君鑫　宋亚玲
责 任 编 辑：	宋亚玲
标 准 书 号：	ISBN 978-7-301-21885-3/TH·0327
出 版 发 行：	北京大学出版社
地　　　　址：	北京市海淀区成府路 205 号　100871
网　　　　址：	http://www.pup.cn　新浪官方微博：@北京大学出版社
电 子 信 箱：	pup_6@163.com
电　　　　话：	邮购部 62752015　发行部 62750672　编辑部 62750667　出版部 62754962
印 刷 者：	北京鑫海金澳胶印有限公司
经 销 者：	新华书店
	787 毫米×1092 毫米　16 开本　14.5 印张　336 千字
	2013 年 1 月第 1 版　2014 年 5 月第 2 次印刷
定　　　　价：	30.00 元

前　言

"金工实习"是机械类、近机类各专业学生必修的一门实践性极强的专业基础课程。通过本课程的学习，能使学生了解机械制造的一般过程，熟悉典型工件的常用加工方法、工艺装备的结构及工作原理，基本掌握毛坯和工件加工的工艺过程，了解现代制造技术在机械制造中的应用。针对主要工种应基本具备独立完成简单工件加工制造的操作能力，如铸造、焊接、钳工、车工、锻造等工种，直接获得感性知识，为后继专业基础课及专业课的学习和日后工作打下一定的实践基础。

全书共有 8 章内容，其中第 1、8 章由淮南职业技术学院汤多良编写，绪论、第 2、5 章由安徽理工大学周哲波编写，第 3 章由安徽理工大学汪胜陆编写，第 4、7 章由安徽理工大学黄绍服编写，第 6 章由安徽理工大学方代正编写，另外张铜杰、徐建、尹超参与了本书的部分内容的修订和图形的绘制工作。全书由周哲波教授主编并统稿，在编写中参阅了有关教材、资料和文献，在此对其作者表示衷心的感谢！

由于编者水平有限，书中难免存在疏漏之处，恳请读者批评指正。

编　者

2012.8

目　　录

目 录

绪　　论

机械是人类生产和生存的基本要素之一，是保证人类物质文明发展的物质基础，是现代工业的主体，是国民经济持续发展的基础；它是生产工具、生活资料、科技手段、国防装备等进步的依托，是现代化的动力源之一。"金工实习"是学生进行工程训练、培养工程意识、学习制造工艺知识、提高工程实践能力的重要实践性教学环节；是学生学习机械制造技术系列课程必不可少的必修课程；是建立机械制造生产过程的概念、获得机械制造基础知识的奠基课程。

1. 金工实习的目的和要求

1）金工实习的目的

（1）建立起对机械制造生产基本过程的感性认识，学习机械制造工艺的基础知识，了解机械制造生产过程所使用的各类设备。

在实训中，学生要学习机械制造的各种主要加工方法及其所用主要设备的基本结构、工作原理和操作方法，并正确使用各类工具、夹具、量具，熟悉各种加工方法、工艺技术、图样文件和安全技术，了解加工工艺过程和工程技术术语，使学生对工程问题从感性认识上升到理性认识。这些实践知识将为以后学习有关专业技术基础课、专业课及毕业设计等打下良好的基础。

（2）培养实际动手能力。

通过让学生直接参加生产实践，操作各类加工设备，使用各种工具、夹具、量具，独立完成简单零件的加工制造，培养他们对简单零件进行初步选择加工方法和分析工艺过程的能力，并具有操作生产设备和加工方法的技能，初步奠定技能型应用型人才应具备的基础知识和基本技能。

（3）树立实践、劳动和团队协作观点，培养高质量人才。

金工实习一般均安排在校内工程培训中心的现场进行。实训现场不同于教室，它是生产、教学、科研三结合的基地，教学内容丰富，实习环境复杂、多变，接触面宽广。在这一特定的学习环境下，是对学生进行高素质品格技术人才教育的最好场所和时机。

金工实习对学好后续课程十分重要，特别是机械技术基础课和专业课，都与金工实习密不可分。金工实习场地是校内的工业生产环境，学生在实习时置身于工业生产环境之中，直接接受实习指导老师或师傅所进行的工程技术人员应具备的职业道德教育，是强化学生工程意识教育的良好教学手段。

2）金工实习的要求

（1）使学生掌握现代制造的一般过程和基本知识，熟悉机械零件的常用加工方法及其所用的主要设备和工具，了解新工艺、新技术、新材料在现代机械制造中的应用。

（2）使学生对简单零件初步具有选择加工方法和进行工艺分析的能力，在主要工种方面应能独立完成简单零件的加工制造并培养一定的工艺和工程实践能力。

（3）培养学生产品质量和经济观念、理论联系实际、一丝不苟的科学作风和热爱劳动、热爱公物的基本素质。

2. 金工实习的基本内容

"金工实习"是机械类各专业学生必修的一门实践性很强的技术基础课，其主要内容如下。

1）金工实习的基础知识

该部分主要涉及金属材料简单分类及性能，常用量具的分类、规格及测量方法。使学生了解工程材料的分类、牌号和选用，初步掌握各种常用量具的测量方法和选用原则。

2）热加工工艺方法

（1）铸造。它是一种生产金属毛坯或零件的加工方法。通过液态金属浇注到预制的型腔中冷凝后获得各种各样形状复杂的铸件。铸件的尺寸、形状、质量及铸造合金成分都有很广泛的适应性。通过学习使学生了解铸造生产的工艺过程及其特点与应用，并重点熟悉砂型铸造方法的生产过程和技术特点。包括铸造材料的确定、铸型的制备、铸铁合金的熔炼、铸件的浇注以及常见铸造缺陷的分析等。结合实践教学，让学生掌握手工造型的工艺过程、特点和应用。

（2）锻压。它是锻造与冲压的总称，是对金属材料施加外力从而得到具有一定形状、尺寸和力学性能的型材、毛坯及零件的加工方法。板料冲压通常是用来加工具有足够塑性的金属材料或非金属材料。压制品具有质量轻、刚度好、强度高、互换性好、成本低等优点。通过本部分内容的学习使学生了解锻压的实质、特点与应用，自由锻、板料冲压生产常用设备的大体结构和使用方法，锻压生产常用材料、坯料加热目的和方法。熟悉冲压基本工序及简单冲模的结构，熟悉自由锻的基本工序，了解锻压先进工艺。

（3）焊接。它是一种将相互分离的零件连接成一体的加工工艺。它方法多样、应用广泛，气焊可用于薄板焊接，电弧焊则大量用于各种结构和厚板零件的焊接，高能密束焊能一次完成100mm以上厚板的焊接。通过学习使学生了解气焊、气割、电弧焊等工艺过程的特点和应用，了解焊条、焊剂、焊丝等焊接材料的使用，熟悉常用焊接设备。

3）冷加工工艺方法

（1）车削加工。它是机械加工中最基本、最常用的加工方法，是在车床上用车刀对零件进行切削加工的过程。它以安装在主轴上的工件的旋转运动为主运动，刀具移动为进给运动。它既可以加工金属材料，也可以加工塑料、橡胶、木材等非金属材料。车床在机械加工设备中占总数的50%以上，是金属切削机床中数量最多的一种，适于加工各种回转体表面，在现代机械加工中占有重要的地位。通过学习使学生了解车削加工的基本知识，熟悉卧式车床的名称、主要组成部分及作用，了解轴类、盘套类零件装夹方法的特点及常用附件的大致结构和用途。掌握外圆、端面、内孔的加工和测量操作方法，能正确确定简单零件的车削加工顺序。

（2）铣、刨及磨削加工。铣削加工是在铣床上利用铣刀旋转为主运动和工件移动为进给运动的方式来对工件进行切削加工的工艺过程，是一种生产率较高的平面、沟槽和成形面的加工方法。刨削是在刨床上用刨刀加工工件的工艺过程，广泛用于平面、沟槽和成形面的加工，多用于单件小批生产和维修工作。磨削加工是在磨床上以磨具(砂轮、油石等)作为切削工具，对工件表面进行切削加工的工艺过程，是机械零件的精密加工方法之一。通过学习使学生了解铣削、刨削和磨削加工的基本知识，如加工特点、加工主要运动、机床的调整方法、机床的传动原理、刀具的结构特点、刀具的装夹方法和常用机床附件的功用。熟悉工件的装夹及校正方法。掌握在牛头刨床、卧式铣床、立式铣床上加工水平面、垂直面及沟槽的操作，掌握在平面磨床及外圆磨床上进行磨削的基本操作。

(3) 钳工加工。它主要利用台虎钳、手用工具和一些机械工具完成某些工件的加工，实现机械产品的部件、机器的装配和调试，以及各类机械设备的维护、修理等任务。通过学习使学生了解钳工在机械制造维修中的作用、特点以及各种类型的加工过程；掌握划线、锯割、锉削、钻孔、扩孔、铰孔、螺纹加工、装配等操作方法；学会钳工的各种工具、量具的使用和测量方法；正确使用工具、量具，独立完成钳工的各种基本操作。

4) 数控及特种加工

涉及数控加工基础知识以及其他现代制造技术。数控加工是指采用配备计算机数字控制的机床并按照一定的规范格式和工艺要求所编制的加工程序来进行对工件的自动加工的过程，其加工精度稳定性好，劳动强度低，特别适应于复杂形状的零件或中、小批量零件的加工。特种加工主要学习电火花线切割加工，它是电火花加工的一个分支，是一种直接利用电能和热能进行加工的工艺方法，它用一根移动着的导线(电极丝)作为工具电极对工件进行切割，故称线切割加工。通过学习使学生了解数控加工的特点和应用，了解数控机床结构及运动控制方式，了解其他现代制造技术；掌握数控编程方法和数控机床(数控车床、数控铣床等)的操作，能够编制简单零件的程序，完成数控加工；掌握数控电火花加工的原理、特点和应用范围。

3. 实习安全技术

学生在实习过程中需要使用各种生产设备来完成实习大纲中所规定的实习内容，进行各种操作来完成各种不同类型的零件加工制作，一定会接触到焊机、机床、砂轮机等。为了避免触电、机械伤害、爆炸、烫伤和中毒等工伤事故，实习者必须严格遵守工艺操作规程，只有施行文明生产实习，才能确保实习人员的安全和保障，实习时应做到以下几点。

(1) 实习中做到专心听讲，仔细观察，做好笔记，尊重各位指导老师和师傅，独立操作，独立完成各项实习任务。

(2) 严格执行安全制度，进车间必须穿好工作服及各种安全防护装备，领口、袖口要扣好。女生应戴好工作帽，将长发放入帽内，不得穿高跟鞋、凉鞋。

(3) 操作机床时不准戴手套，严禁身体、衣袖与转动部位接触；正确使用砂轮机，严格按安全规程操作，注意人身安全。

(4) 遵守设备操作规程，爱护设备，未经指导老师及师傅允许不得随意乱动车间设备，更不准乱动各种开关和按钮。

(5) 遵守劳动纪律，不迟到，不早退，不打闹，不串岗，不随地而坐，不擅离实习岗位，串岗，更不能到车间外玩耍，有事必须请假。

（6）交接班时认真清点工、卡、量具，做好保养保管，如有损坏、丢失按价赔偿。

（7）实习时，要不怕苦、不怕累、不怕脏，树立良好的劳动观念。

（8）每天下班应擦拭机床，清整用具、工件，打扫工作场地，保持环境卫生。

（9）爱护公物，节约材料、水、电，不践踏花木、绿地。

（10）爱护劳动保护品，如损坏、丢失按价赔偿。

第**1**章
金工实习基本知识

1.1 金属材料的性能

1. 工艺性能与使用性能

金属材料的性能一般分为工艺性能和使用性能两类。

所谓工艺性能是指机械零件在加工制造过程中，金属材料在所给定的冷、热加工条件下表现出来的性能。金属材料工艺性能的好坏，决定了它在制造过程中加工成形的适应能力。由于加工条件不同，要求的工艺性能也就不同，如铸造性能、可焊性、可锻性、热处理性能、切削加工性等。

所谓使用性能是指机械零件在使用条件下，金属材料表现出来的性能，它包括机械性能、物理性能、化学性能等。金属材料使用性能的好坏，决定了它的使用范围与使用寿命。

2. 金属材料机械性能（或称为力学性能）

在机械制造业中，一般机械零件都是在常温、常压和非强烈腐蚀性介质中使用的，且在使用过程中各机械零件都将承受不同载荷的作用。金属材料在载荷作用下抵抗破坏的性能，称为机械性能（或称为力学性能）。

金属材料的机械性能是零件设计和选材时的主要依据。外加载荷性质不同（如拉伸、压缩、扭转、冲击、循环载荷等），对金属材料机械性能的要求也将不同。常用的机械性能包括强度、塑性、硬度、冲击韧性、多次冲击抗力和疲劳极限等。下面将分别讨论这些机械性能。

1) 强度

强度是指金属材料在静载荷作用下抵抗破坏（过量塑性变形或断裂）的性能。由于载荷的作用方式有拉伸、压缩、弯曲、剪切等形式，所以强度也分为抗拉强度、抗压强度、抗弯强度、抗剪强度等。各种强度间常有一定的联系，使用中一般多以抗拉强度作为最基本的强度指标。

2）塑性

塑性是指金属材料在载荷作用下，产生塑性变形（永久变形）而不破坏的能力。

3）硬度

硬度是衡量金属材料软硬程度的指标。目前生产中测定硬度最常用的方法是压入硬度法，它是用一定几何形状的压头在一定载荷下压入被测试的金属材料表面，根据被压入程度来测定其硬度值。

常用的测试硬度的方法有布氏硬度（HB）、洛氏硬度（HRA、HRB、HRC）和维氏硬度（HV）等方法。

4）疲劳

前面所讨论的强度、塑性、硬度都是金属在静载荷作用下的机械性能指标。实际上，许多机器零件都是在循环载荷下工作的，在这种条件下零件会产生疲劳。

5）冲击韧性

以很高速度作用于机件上的载荷称为冲击载荷，金属在冲击载荷作用下抵抗破坏的能力叫做冲击韧性。

3. 常用金属材料

工业上将碳的质量分数小于2.11%的铁碳合金称为钢。钢具有良好的使用性能和工艺性能，因此获得了广泛的应用。

1）钢的分类

钢的分类方法很多，常用的分类方法有以下几种：

（1）按化学成分分，碳素钢可分为：低碳钢（含碳量<0.25%）、中碳钢（含碳量0.25%～0.6%）、高碳钢（含碳量>0.6%）；合金钢可分为：低合金钢（合金元素总含量<5%）、中合金钢（合金元素总含量5%～10%）、高合金钢（合金元素总含量>10%）。

（2）按用途分，可分为结构钢（主要用于制造各种机械零件和工程构件）、工具钢（主要用于制造各种刀具、量具和模具等）、特殊性能钢（具有特殊的物理、化学性能的钢，可分为不锈钢、耐热钢、耐磨钢等）。

（3）按品质分，可分为普通碳素钢（P≤0.045%、S≤0.05%）、优质碳素钢（P≤0.035%、S≤0.035%）、高级优质碳素钢（P≤0.025%、S≤0.025%）。

2）碳素钢的牌号、性能及用途

常见碳素结构钢的牌号用"Q+数字"表示（表1-1），其中"Q"为屈服点的"屈"字的汉语拼音字首，数字表示屈服强度的数值。若牌号后标注字母，则表示钢材质量等级不同。

优质碳素结构钢的牌号用两位数字表示钢的平均含碳量的质量分数的万分数，例如，20钢的平均碳质量分数为0.2%。

3）合金钢的牌号、性能及用途

为了提高钢的性能，在碳素钢基础上特意加入合金元素所获得的钢种称为合金钢。常见合金钢的牌号、机械性能及用途见表1-2。

表1-1　常见碳素结构钢的牌号、机械性能及其用途

类别	常用牌号	机械性能			用途
		屈服点 σ_s/MPa	抗拉强度 σ_b/MPa	伸长率 δ/%	
碳素结构钢	Q195	195	315～390	33	塑性较好，有一定的强度，通常可轧制钢筋、钢板、钢管等。可作为桥梁、建筑物等的构件，也可用作螺钉、螺帽、铆钉等
	Q215	215	335～410	31	
	Q235A	235	375～460	26	
	Q235B				
	Q235C				可用于重要的焊接件
	Q235D				
	Q255	255	410～510	24	强度较高，可轧制成形钢、钢板，作构件用
	Q275	275	490～610	20	
优质碳素结构钢	08F	175	295	35	塑性好，可制造冷冲压零件
	10	205	335	31	冷冲压性与焊接性能良好，可用作冲压件及焊接件，经过热处理也可以制造轴、销等零件
	20	245	410	25	
	35	315	530	20	经调质处理后，可获得良好的综合机械性能，可用来制造齿轮、轴类、套筒等零件
	40	335	570	19	
	45	355	600	16	
	50	375	630	14	
	60	400	675	12	主要用来制造弹簧
	65	410	695	10	

表1-2　常见合金钢的牌号、机械性能及其用途

类别	常用牌号	机械性能			用途
		屈服点 σ_s/MPa	抗拉强度 σ_b/MPa	伸长率 δ/%	
低合金高强度结构钢	Q295	≥295	390～570	23	具有高强度、高韧性、良好的焊接性能和冷成形性能。主要用于制造桥梁、船舶、车辆、锅炉、高压容器、输油输气管道、大型钢结构等
	Q345	≥345	470～630	21～22	
	Q390	≥390	490～650	19～20	
	Q420	≥420	520～680	18～19	
	Q460	≥460	550～720	17	
合金渗碳钢	20Cr	540	835	10	主要用于制造汽车、拖拉机中的变速齿轮、内燃机上的凸轮轴、活塞销等机器零件
	20CrMnTi	835	1080	10	
	20Cr2Ni4	1080	1175	10	

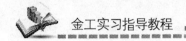

（续）

类别	常用牌号	机械性能			用途
		屈服点 σ_s /MPa	抗拉强度 σ_b/MPa	伸长率 $\delta/\%$	
合金调质钢	40Cr	785	980	9	主要用于汽车和机床上的轴、齿轮等
	30CrMnTi	—	1470	9	
	38CrMoAl	835	980	14	

合金结构钢的牌号用"两位数（平均碳质量分数的万分之几）＋元素符号＋数字（该合金元素质量分数，小于1.5%不标出；1.5%～2.5%标2；2.5%～3.5%标3，以此类推）"表示。

对合金工具钢的牌号而言，当碳的质量分数小于1%时，用"一位数（表示碳质量分数的千分之几）＋元素符号＋数字"表示；当碳的质量分数大于1%时，用"元素符号＋数字"表示。（注：高速钢碳的质量分数小于1%，其含碳量也不标出）

4）铸钢的牌号、性能及用途

铸钢主要用于制造形状复杂，具有一定强度、塑性和韧性的零件。常见碳素铸钢的成分、机械性能及其用途见表1－3。碳是影响铸钢性能的主要元素，随着碳质量分数的增加，屈服强度和抗拉强度均增加，而且抗拉强度比屈服强度增加得更快，但当碳的质量分数大于0.45%时，屈服强度很少增加，而塑性、韧性却显著下降。所以，在生产中使用最多的铸钢是ZG230－450、ZG270－500、ZG310－570三种。

表1－3　常见碳素铸钢的成分、机械性能及其用途

钢号	化学成分			机械性能					应用举例
	C	Mn	Si	σ_s/MPa	σ_b/MPa	$\delta/\%$	$\psi/\%$	a_k	
ZG200－400	0.20	0.80	0.50	200	400	25	40	600	机座、变速箱壳
ZG230－450	0.30	0.90	0.50	230	450	22	32	450	机座、锤轮、箱体
ZG270－500	0.40	0.90	0.50	270	500	18	25	350	飞轮、机架、蒸汽锤、水压机、工作缸、横梁
ZG310－570	0.50	0.60	0.60	310	570	15	21	300	联轴器、气缸、齿轮、齿轮圈
ZG340－640	0.60	0.90	0.60	340	640	10	18	200	起重运输机中齿轮、联轴器等

5）铸铁的牌号、性能及用途

铸铁是碳质量分数大于2.11%，并含有较多Si、Mn、S、P等元素的铁碳合金。铸铁的生产工艺和生产设备简单，价格便宜，具有许多优良的使用性能和工艺性能，所以应用非常广泛，是工程上最常用的金属材料之一。

铸铁按照碳存在的形式可以分为：白口铸铁、灰口铸铁、麻口铸铁；按铸铁中石墨的形态可以分为：灰铸铁、可锻铸铁、球墨铸铁、蠕墨铸铁。常见灰铸铁的牌号及其用途见表1－4。

表1-4　常见灰铸铁的牌号及其用途

牌号	铸件壁厚	力学性能		用途举例
		σ_b/MPa	HBS	
HT100	2.5~10 10~20 20~30	130 100 90	110~166 93~140 87~131	适用于载荷小、对摩擦和磨损无特殊要求的不重要的零件，如防护罩、盖、油盘、手轮、支架、底板、重锤等
HT150	2.5~10 10~20 20~30	175 145 130	137~205 119~179 110~166	适用于承受中等载荷的零件，如机座、支架、箱体、刀架、床身、轴承座、工作台、带轮、阀体、飞轮、电动机座等
HT200	2.5~10 10~20 20~30	220 195 170	157~236 148~222 134~200	适用于承受较大载荷和要求一定气密性或耐腐蚀性等较重要的零件，如气缸、齿轮、机座、飞轮、床身、气缸体、活塞、齿轮箱、刹车轮、联轴器盘、中等压力阀体、泵体、液压缸、阀门等
HT250	4.0~10 10~20 20~30	270 240 220	175~262 164~247 157~236	
HT300	10~20 20~30 30~50	290 250 230	182~272 168~251 161~241	适用于承受高载荷、耐磨和高气密性的重要零件，如重型机床、剪床、压力机、自动机床的床身、机座、机架、高压液压件、活塞环、凸轮、车床卡盘、衬套、大型发动机的气缸体、缸套、气缸盖等
HT350	10~20 20~30 30~50	340 290+ 260	199~298 182~272 171~257	

1.2　常用量具

在工艺过程中，必须应用一定精度的量具来测量和检验各种零件尺寸、形状和位置精度。

1. 常用量具及其使用方法

1) 钢直尺

钢直尺是最简单的长度量具，用不锈钢片制成，可直接用来测量工件尺寸，如图 1.1 所示。它的测量长度规格有 150mm、200mm、300mm、500mm 几种。测量工件的外径和内径尺寸时，常与卡钳配合使用，测量精度一般只能达到 0.2~0.5mm。

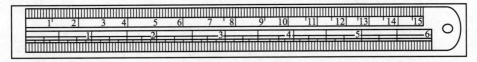

图 1.1　钢直尺

2) 卡钳

卡钳是一种间接度量工具，常与钢直尺配合使用，用来测量工件的外径和内径。卡钳分内卡钳和外卡钳两种，如图 1.2 所示，其使用方法如图 1.3 所示。

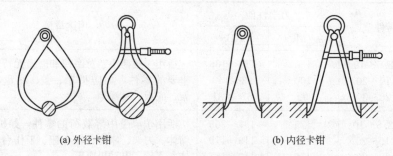

(a) 外径卡钳　　　　　　　　　　　　(b) 内径卡钳

图 1.2　卡钳

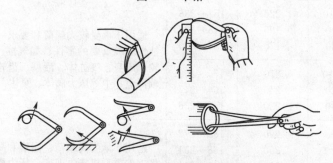

图 1.3　卡钳的使用方法

3）游标卡尺

游标卡尺是一种中等精度的量具，可直接测量工件的外径、内径、长度、宽度和深度等尺寸。按用途不同，游标卡尺可分为：普通游标卡尺、游标深度尺、游标高度尺等几种。游标卡尺的测量精度有 0.05mm、0.1mm、0.2mm 三种，测量范围有 0～125mm、0～150mm、0～200mm、0～300mm 等。

如图 1.4 所示为一普通游标卡尺，它主要由尺身和游标组成，尺身上刻有以 1mm 为一格间距的刻度，并刻有尺寸数字，其刻度全长即为游标卡尺的规格。游标上的刻度间距随测量精度而定。现以精度值为 0.02mm 的游标卡尺的刻线原理和读数方法为例简介如下：

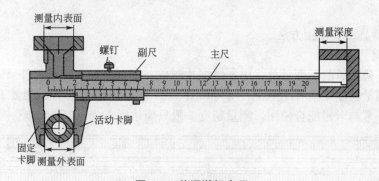

图 1.4　普通游标卡尺

尺身一格为 1mm，游标一格为 0.98mm，共 50 格。尺身和游标每格之差为 1－0.98＝0.02mm，如图 1.5 所示。读数方法是游标零位指示的尺身整数，加上游标刻线与尺身线重合处的游标刻线乘以精度值之和。

图 1.5　游标卡尺的刻线原理和读数方法

用游标卡尺测量工件的方法如图 1.6 所示，使用时应注意下列事项：

（1）检查零线 。使用前应首先检查量具是否在检定周期内，然后擦净卡尺，使量爪闭合，检查尺身与游标的零线是否对齐。若未对齐，则在测量后应根据原始误差修正读数值。

（2）放正卡尺。测量内外圆直径时，尺身应垂直于轴线；测量内外孔直径时，应使两量爪处于直径处。

（3）用力适当。测量时应使量爪逐渐与工件被测量表面靠近，最后达到轻微接触，不能把量爪用力抵紧工件，以免变形和磨损，影响测量精度。读数时为防止游标移动，可锁紧游标；视线应垂直于尺身。

（4）勿测毛坯面。游标卡尺仅用于测量已加工的表面，表面粗糙的毛坯件不能用游标卡尺测量。如图 1.7 所示为游标深度尺和游标高度尺，分别用于测量深度和高度。游标高度尺还可以用作精密划线。

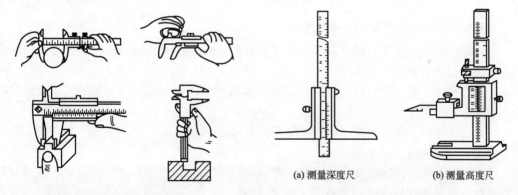

（a）测量深度尺　　　　（b）测量高度尺

图 1.6　游标卡尺的测量方法　　　　**图 1.7　深度尺和高度尺**

4）千分尺

千分尺（又称分厘卡）是一种比游标卡尺更精密的量具，测量精度为 0.01mm，测量范围有 0～25mm、25～50mm、50～75mm……规格。常用的千分尺分为外径千分尺和内径千分尺。外径千分尺的构造如图 1.8 所示。

千分尺的测量螺杆和微分筒连在一起，当转动微分筒时，测量螺杆和微分筒一起沿轴向移动。内部的测力装置是使测量螺杆与被测工件接触时保持恒定的测量力，以便测出正确尺寸。当转动测力装置时，千分尺两测量面接触工件。超过一定的压力时。棘轮沿着内部棘爪的斜面滑动，发出"嗒嗒"的响声，这就可读出工件尺寸。测量时为防止尺寸变动，可转动锁紧装置通过偏心锁锁定测量螺杆。

千分尺的读数机构由固定套管和微分筒组成，如图 1.9 所示，固定套管在轴线方向上有一条中线，中线上、下方都有刻线，相互错开 0.5mm；在微分筒左侧锥形圆周上有 50

等份的刻度线。因测量螺杆的螺距为 0.5mm，即螺杆转一周，同时轴向移动 0.5mm，故微分筒上每一小格的读数为 0.5/50＝0.01mm，所以千分尺的测量精度为 0.01mm。测量时，读数方法分三步，如图 1.10 所示。

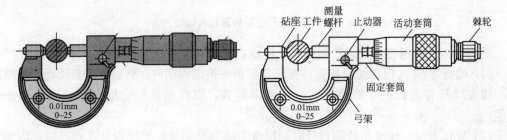

图 1.8　外径千分尺

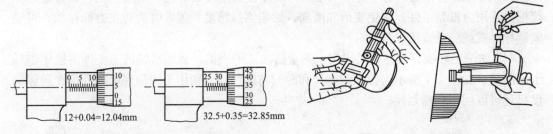

图 1.9　千分尺的刻线原理和读数方法　　图 1.10　千分尺的使用方法

（1）先读出固定套管上露出刻线的整毫米数和半毫米数(0.5mm)，注意看清露出的是上方刻线还是下方刻线，以免错读 0.5mm。

（2）看准微分筒上哪一格与固定套管纵向刻线对准，将刻线的序号乘以 0.01mm，即为小数部分的数值。

（3）上述两部分读数相加，即为被测工件的尺寸。

使用千分尺应注意以下事项：

（1）校对零点。将砧座与螺杆接触，看圆周刻度零线是否与纵向中线对齐，且微分筒左侧棱边与尺身的零线重合，如有误差修正读数。

（2）合理操作。手握尺架，先转动微分筒，当测量螺杆快要接触工件时，必须使用端部棘轮，严禁再拧微分筒，当棘轮发出"嗒嗒"声时应停止转动。

（3）擦净工件测量面。测量前应将工件测量表面擦净，以免影响测量精度。

（4）不偏不斜。测量时应使千分尺的砧座与测量螺杆两侧面准确放在被测工件的直径处，不能偏斜。

图 1.11 所示是用来测量内孔直径及槽宽等尺寸的内径千分尺。其内部结构与外径千分尺相同。

5）百分表

百分表是一种指示量具，主要用于校正工件的装夹位置、检查工件的形状和位置误差及测量工件内径等。百分表的刻度值为 0.01mm，刻度值为 0.001mm 的叫千分表。

钟式百分表的结构原理如图 1.12 所示。当测量杆 1 向上或向下移动 1mm 时，通过齿轮传动系统带动大指针 5 转一圈，小指针 7 转一格。刻度盘在圆周上有 100 个等分格，每

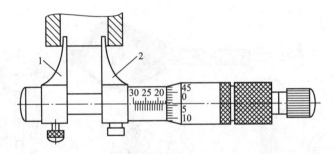

图 1.11　内径千分尺

1—左卡爪；2—右卡爪

格的读数值为 0.01mm，小指针每格读数为 1mm。测量时指针读数的变动量即为尺寸变化量。小指针处的刻度范围为百分表的测量范围。钟式百分表装在专用的表架上使用，如图 1.13 所示。

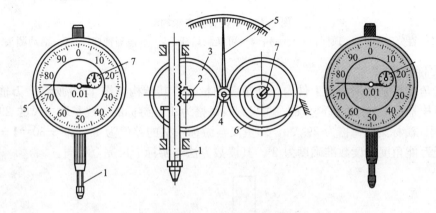

图 1.12　钟式百分表结构

1—测量杆；2，4—小齿轮；3，5—大齿轮；6—大指针；7—小指针

图 1.14 所示为杠杆式百分表，图 1.15 所示为测量内孔尺寸的内径百分表。

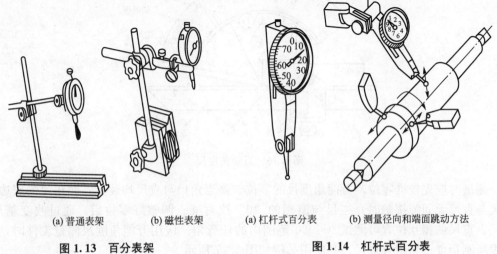

(a) 普通表架　　　　(b) 磁性表架　　　　(a) 杠杆式百分表　　(b) 测量径向和端面跳动方法

图 1.13　百分表架　　　　　　　　**图 1.14　杠杆式百分表**

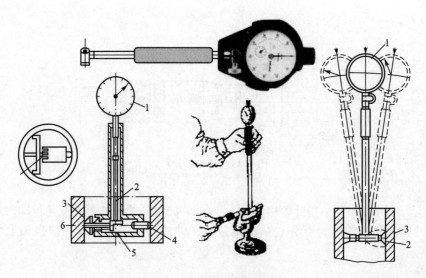

图 1.15　内径百分表结构图

1—百分表头；2—顶杆；3—工件；4—可换测量杆；5—直角等臂杠杆；6—活动测头

6）万能角度尺

万能角度尺是用来测量工件内、外角度的量具，其结构如图 1.16 所示。万能角度尺的读数机构是根据游标原理制成的。主尺刻线每格为 $1°$。游标的刻线是取主尺的 $29°$ 等分为 30 格，因此游标刻线每格为 $29°/30$，即主尺与游标一格的差值为 $1°-29°\div30=1\div30=1'$。也就是说万能角度尺读数准确度为 $2'$。其读数方法与游标卡尺完全相同。

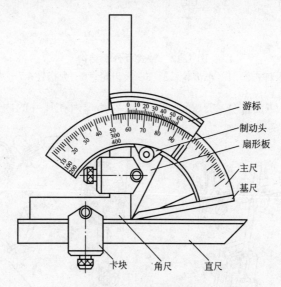

游标
制动头
扇形板
主尺
基尺
卡块　角尺　直尺

图 1.16　万能角度尺

测量时应先校准零位，万能角度尺的零位，是当角尺与直尺均装上，而角尺的底边及基尺与直尺无间隙接触时，主尺与游标的"0"线对准。调整好零位后，通过改变基尺、角尺、直尺的相互位置可测试 0～320° 范围内的任意角。应用万能角度尺测量工件时，要根据所测角度适当组合量尺，其应用举例如图 1.17 所示。

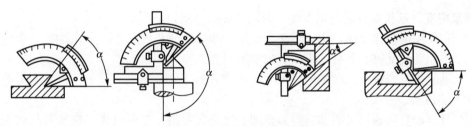

图 1.17　万能角度尺的应用

7）量规

量规是在大批量生产中常用来进行检测的一种专用量具，它又分为塞规和卡规。塞规用于测量孔径或宽槽，如图 1.18 所示，其长度较短的一端叫"不过端"或"止端"，用于控制工件的；其长度较长一端叫"过端"，用于控制最小极限尺寸。用塞规测量时，只有当过端能进去，止端不能进去时，才能说明工件的实际尺寸在公差范围之内，是合格品，否则就不是合格品。卡规是用来测量外径或厚度的，如图 1.19 所示，与塞规类似，一端为"过端"，另一端为"不过端"，使用方法和塞规相同。

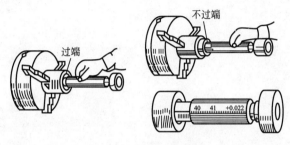

图 1.18　塞规及其应用

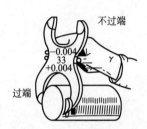

图 1.19　卡规及其应用

8）刀口尺

如图 1.20 所示，刀口尺用于检查平面的平、直情况。如果平面不平，则刀口尺与平面之间有间隙，再用厚薄尺塞间隙，即可确定间隙数值的大小。

9）厚薄尺

厚薄尺又称塞尺，如图 1.21 所示，用于检查两贴合面之间的缝隙大小。它由一组薄钢片组成，其厚度为 0.03～0.3mm。测量时用厚薄尺直接塞进间隙，当一片或数片(叠合)能进两贴合面之间时，则一片或数片的厚度(可由每片上的标记读出)即为两贴合面的间隙值。使用厚薄尺时必须先擦拭干净工件和尺面，测量时不能用力太大，以免尺片弯曲和折断。

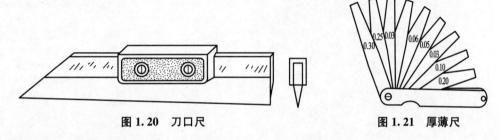

图 1.20　刀口尺　　　　　　　　　　　　　　　　**图 1.21　厚薄尺**

2. 量具维护与保养

量具是用来测量工件尺寸的工具，在使用过程中应加以精心的维护与保养，才能保证零件测量精度，延长量具的使用寿命。因此，必须做到以下几点：

（1）在使用前应擦干净，用完后必须拭洗干净、涂油并放入专用量具盒内。

（2）不能随便乱放、乱扔，应放在规定的地方。

（3）不能用精密量具去测量毛坯尺寸、运动着的工件或温度过高的工件，测量时用力适当，不能过猛、过大。

（4）量具如有问题，不能私自拆卸修理，应交实习指导教师处理。精密量具必须定期送计量部门检定。

第2章

铸　造

2.1　概　述

1. 铸造的特点与应用

铸造工艺是将金属熔融后得到的液态金属注入预制好的铸型中，经冷却、凝固后，获得一定形状和性能铸件的金属成形方法。铸造生产的铸件一般为毛坯，需经机械加工后才能成为机器零件，少数对尺寸精度和表面粗糙度要求不高的零件也可直接应用。

铸造按生产方式不同，可分为砂型铸造和特种铸造。特种铸造又可分为熔模铸造、金属型铸造、压力铸造、低压铸造、离心铸造、陶瓷型铸造、连续铸造等20余种。

铸造工艺是机械制造工业中毛坯和零件制造的主要方法，在国民经济中占有极其重要的地位。一般机器中铸件约占总重量的40%～80%，如内燃机中占总重量的70%～90%，在机床、液压泵、阀等中占总重量的65%～80%，在拖拉机中占总重量的50%～70%。铸件广泛应用于机床制造、动力机械、冶金机械、重型机械、航空航天等领域，具有以下特点：

（1）适用范围广。几乎不受零件的形状复杂程度、尺寸大小、生产批量的限制，可铸造壁厚0.3mm～1m、重量从几克到300多吨的各种金属件。

（2）可制造各种合金。很多能熔化成液态的金属材料均可采用铸造生产，如铸钢、铸铁、各种铝合金、铜合金、镁合金、钛合金及锌合金等。其中铸铁应用最广，约占铸件总产量的70%以上。

（3）铸件的形状和尺寸与图样设计零件非常接近，加工余量小；尺寸精度一般比锻件、焊接件要高。

（4）成本低廉。由于铸造易实现机械化，铸造原料又可大量利用废、旧金属材料，加之铸造能耗比锻造能耗小，故综合经济性能好。

铸造中砂型铸造应用最为广泛，约占铸件总产量的80%以上，其铸型（砂型和芯型）是由型砂制作的。图2.1所示为砂型铸造的生产过程。

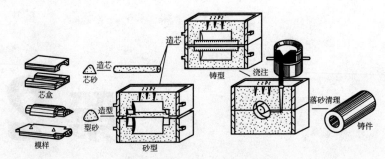

图 2.1　砂型铸造的生产过程

2. 铸造工具及辅具

（1）铸造造型工具。它主要是用于铸型造型用的装备，具体有：砂箱（图 2.2）是构成铸型的一部分，容纳和支撑砂型的刚性框；筛子主要用来筛选型（芯）砂颗粒度的大小；平整型砂用的刮砂板；用于放置木模的底板；用其尖端春砂、平端紧固砂箱顶部型砂的春砂锤；形成铸型浇口形状的浇口棒；用于扎制砂型排气通道的气针；较通气针粗，用于从砂箱中取出木模的起模针和清理型腔中残砂的皮老虎（手风箱）等，如图 2.3 所示。

图 2.2　砂箱

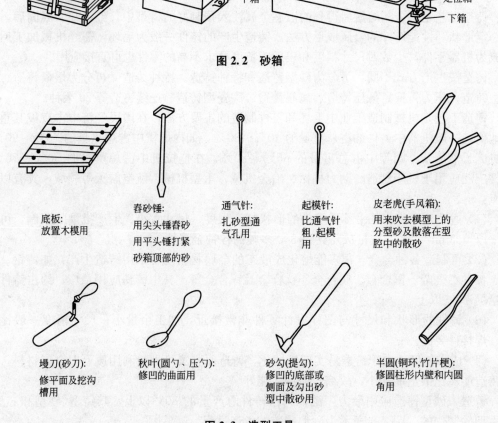

底板：
放置木模用

春砂锤：
用尖头锤春砂
用平头锤打紧
砂箱顶部的砂

通气针：
扎砂型通
气孔用

起模针：
比通气针
粗，起模
用

皮老虎(手风箱)：
用来吹去模型上的
分型砂及散落在型
腔中的散砂

墁刀(砂刀)：
修平面及挖沟
槽用

秋叶(圆勺、压勺)：
修凹的曲面用

砂勾(提勾)：
修凹的底部或
侧面及勾出砂
型中散砂用

半圆(铜环,竹片梗)：
修圆柱形内壁和内圆
角用

图 2.3　造型工具

（2）铸造造型辅具。它主要是用于铸型修型工序的装备，具体有：用于修平面及挖沟槽用的墁刀、修深的底部或侧面及钩出砂型中的散砂用的砂勾（提勾）、修凹的曲面用的秋叶（圆勺、压勺）、修圆柱形内壁和内圆角用的半圆（铜环、竹片梗）等，如图2.3所示。

3. 型（芯）砂

1）型（芯）砂的性能

砂型铸造的造型材料为型砂，其质量好坏直接影响铸件的质量、生产效率和成本。生产中为了获得优质的铸件和良好的经济效益，对型砂性能应有如下要求。

（1）强度。它是指型砂抵抗外力破坏的能力。浇注时砂型中的型（芯）砂与高温金属接触，承受高温金属液流的冲刷，应具有高强度。它包括常温湿强度、干强度和硬度，以及高温强度。型砂要有足够的强度，以防止造型过程中产生塌箱和浇注时液体金属对铸型表面的冲刷破坏。

（2）成形性。型砂要有良好的成形性，包括良好的流动性、可塑性和不粘模性，铸型轮廓清晰，易于起模。

（3）耐火性。它是指型砂在高温作用下不熔化、不烧结的性能。浇注时砂型中的型（芯）砂与高温金属接触，承受高温金属液流的烘烤，要有较高的耐火性，同时应有较好的热化学稳定性，较小的热膨胀率和冷收缩率。

（4）透气性。型砂要有一定的透气性，以利于浇注时产生的气体排出。透气性过差，铸件易产生气孔；透气性过高，易使铸件粘砂。吸湿性小和发气量少的型砂对保证铸造质量十分有利。

（5）退让性。它是指铸件在冷凝过程中，型砂能被压缩变形的性能。型砂退让性差，铸件在凝固收缩时将易产生内应力、变形和裂纹等缺陷。

此外，型砂还要具有较好的耐用性、溃散性和韧性等。

2）型（芯）砂的组成

型（芯）砂是由砂和结合剂混制而成，为提高型（芯）砂性能，应加入一些附加物。一般是由原砂（新砂）、再生砂（旧砂）、粘土和水混拌而成。为使铸件表面光滑，有时还会加入少量煤粉。配制好的型（芯）砂具有粘结性和可塑性，能在外力作用下舂紧并塑造成砂型。

（1）原砂。原砂即新砂，铸造用原砂一般采用符合一定技术要求的天然矿砂，最常使用的是硅砂。其二氧化硅含量在80%～98%，硅砂粒度大小及均匀性、表面状态、颗粒形状等对铸造性能影响很大。除硅砂外，其他均称为特种砂，如石灰石砂、锆砂、镁砂、橄榄石砂、铬铁矿砂、钛铁矿砂等，这些特种砂性能较硅砂优良，但价格较贵，主要用于合金钢和碳钢铸件的生产。

（2）粘结剂。其作用是使砂粒粘结在一起，制成砂型和芯型。铸造生产中用量最大的是粘土，有时也常用水玻璃、植物油、合成树脂、水泥等来作为造型粘结剂。

用粘土作粘结剂制成的型砂又称粘土砂，其结构如图2.4所示。粘土资源丰富，价格低廉，其耐火度较高，再生性好。水玻璃砂能适应造型、制芯工艺的多样性，在高温下具有较好的退让性，值得注意的是：若水玻璃加入量偏高，砂型及砂芯的溃散性差。油类粘结剂有很好的流动性和溃散性、很高的

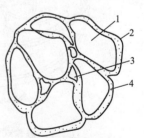

图2.4　粘土砂结构
1—砂粒；2—粘土；
3—孔隙；4—附加物

干强度，适合于制造复杂砂芯，浇出的铸件内腔表面粗糙度 Ra 值低。通常按粘结剂不同可将型砂分为粘土砂、水玻璃砂和树脂砂。

（3）涂料。涂敷在型腔和芯型表面、用以提高砂（芯）型表面抗粘砂和抗金属液冲刷等性能的铸造辅助材料称为涂料。使用涂料，可降低铸件表面粗糙度值，防止或减少铸件粘砂、砂眼和夹砂等缺陷，可提高落砂和清理效率。它一般由耐火材料、溶剂、悬浮剂、粘结剂和添加剂等组成。耐火材料采用硅粉、刚玉粉、高铝矾土粉，溶剂采用水和有机溶剂等，悬浮剂常用膨润土。涂料可制成液体、膏状或粉剂，用刷、浸、流、喷等方法涂敷在型腔、型芯表面。

型砂中除含有原砂、粘结剂和水等材料外，还加入一些辅助材料如煤粉、重油、锯木屑、淀粉等，使砂型和芯型增加透气性、退让性，提高抗铸件粘砂能力和铸件的表面质量。

3）型（芯）砂的制备

型（芯）砂的成分须按一定的比例配制，以保证其使用性能。再生砂曾与高温液态金属接触过，性能有所降低，故应加入一定量的原砂进行重新配制，方可使用。

铸铁件用的湿型砂配比（质量比）一般为：再生砂 50%～80%、原砂 5%～20%、粘土 6%～10%、煤粉 2%～7%、重油 1%、水 3%～6%。各种材料通过混制工艺使其成分混合均匀，粘土膜均匀包覆在砂粒周围，混砂时先将各种干料（新砂、旧砂、粘土和煤粉）一起加入混砂机进行干混，再加水湿混合（10min 左右）后出碾，如图 2.5 所示。型（芯）砂混制处理好后，应进行性能检测，主要测定项有：各组元含量，如粘土含量、有效煤粉含量、含水量等；砂的性能，如紧实率、透气性、湿强度、韧性参数，来确定型（芯）砂是否满足相应的造型要求。实际生产中也可用手捏的感觉对某些性能作出粗略的判断，如图 2.6 所示，具体方法为：用手攥一把型砂，感到潮湿但不粘手，柔软易变形，印在砂团上的手指印迹清楚，砂团掰断时端面整齐，此时说明型砂的干湿程度适宜，性能合格。值得注意的是：这种方法虽然简单易行，但需凭操作者经验，因人而异，故不准确。

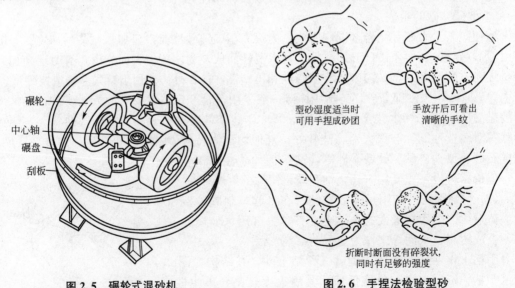

碾轮
中心轴
碾盘
刮板

图 2.5　碾轮式混砂机

型砂湿度适当时可用手捏成砂团

手放开后可看出清晰的手纹

折断时断面没有碎裂状，同时有足够的强度

图 2.6　手捏法检验型砂

在砂型铸造生产中，型（芯）砂用量极大，生产一吨成品铸件就需 4～5 吨的型（芯）砂，其中原砂约为 0.5～1 吨。在实际生产中，为节约生产成本，在保证质量的前提下，应尽量回用再生砂及优先采用本地型（芯）砂。

2.2 手工造型与制芯

造型和制芯是利用造型材料和工艺装备制作铸型的工序，按成形方法总体可分成手工造型(制芯)和机器造型(制芯)。在此主要介绍应用广泛的手工砂型造型及制芯。

1. 铸型的组成

铸型是依据零件形状来选用不同的造型材料制成的。它一般由上砂型、下砂型、型芯和浇注系统等组成，如图 2.7 所示。上砂型和下砂型之间的接合面称为分型面。由砂型面和型芯面构成的空腔来形成铸件实体，该空腔称为型腔。型芯一般用来形成铸件的内孔和内腔。金属液流入型腔的通道称为浇注系统。出气孔的作用在于排出浇注过程中产生的气体。

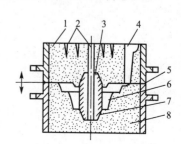

图 2.7 铸型装配图

1—上砂型；2—出气孔；3—型芯；
4—浇注系统；5—分型面；6—型腔；
7—芯头芯座；8—下砂型

2. 模样、芯盒与砂箱

模样、芯盒与砂箱是砂型造型时使用的主要工艺装备。

1) 模样

它应根据零件形状来设计与制作，是在造型中形成铸型型腔的工艺装备。设计模样要考虑到铸造工艺参数，如铸件最小壁厚、加工余量、铸造圆角、铸件收缩率和起模斜度等。图 2.8 所示为零件及模样关系示意图。

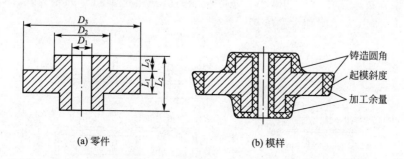

(a) 零件   (b) 模样

图 2.8 零件与模样关系示意图

(1) 铸件最小壁厚。它是指在一定的铸造条件下，铸造合金能充满铸型的最小厚度。铸件设计壁厚若小于允许最小壁厚，则易产生浇不足和冷隔等缺陷。

(2) 加工余量。它是为保证铸件加工面尺寸精度，在铸件设计时预先加的金属层厚度，机械加工的过程中被去除。

(3) 铸造收缩率。铸件浇注后在凝固冷却过程中，会产生尺寸收缩，其中以固态收缩阶段产生的尺寸缩小对铸件的形状和尺寸精度影响最大，此时的收缩率又称线收缩率。

(4) 起模斜度。当零件本身没有足够的结构斜度，为保证造型时起模方便，避免损坏砂型，应在设计时给出起模斜度。

2）芯盒

它是制造芯型的工艺装备。按制造材料不同可分为金属芯盒、木质芯盒、塑料芯盒和金木结构芯盒。在大批量生产中，为提高砂芯精度和芯盒耐用性，多采用金属芯盒。按芯盒结构又可分为敞开整体式、分式、敞开脱落式和多向开盒式，前两种芯盒结构形式如图2.9、图2.10所示。

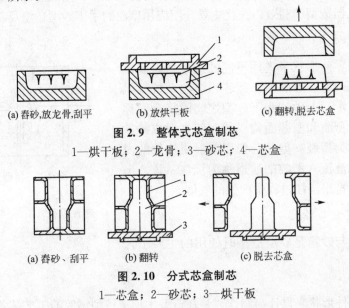

(a) 舂砂,放龙骨,刮平　　(b) 放烘干板　　(c) 翻转,脱去芯盒

图2.9　整体式芯盒制芯

1—烘干板；2—龙骨；3—砂芯；4—芯盒

(a) 舂砂、刮平　　(b) 翻转　　(c) 脱去芯盒

图2.10　分式芯盒制芯

1—芯盒；2—砂芯；3—烘干板

3）砂箱

它是铸件生产中必备的工艺装备之一，用于铸造生产中容纳和紧固砂型。一般根据铸件尺寸、造型方法来选择合适的砂箱。按砂箱制造方法可把砂箱分为整铸式、焊接式和装配式。图2.11所示为小型和大型砂箱示意图。

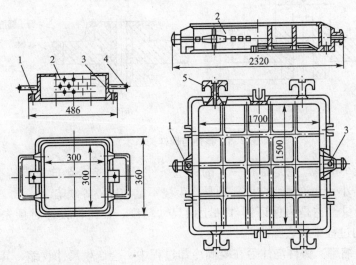

(a) 小型砂箱　　(b) 大型砂箱

图2.11　砂箱示意图

1—定位套；2—箱体；3—导向套；4—环形手柄；5—吊耳

除模样、芯盒与砂箱外，砂型造型时使用的工艺装备还有压实砂箱用的压砂板，填砂用的填砂框，托住砂型用的砂箱托板，紧固砂箱用的套箱，以及用于砂芯的修磨工具、烘芯板和检验工具等。

3. 手工造型操作

手工造型主要工序有：填砂、舂砂、起模和修型。填砂是将型砂填充到已放置好模样的砂箱内，舂砂则是把砂箱内的型砂紧实，起模是把形成型腔的模样从砂型中取出，修型是起模后对砂型损伤处进行修理的过程。

1) 造型的准备工作

(1) 准备造型工具。选择平直的底板和大小合适的砂型，如图 2.12 所示。木模与砂箱内壁及顶部之间须留 30～100mm 距离为吃砂量，其大小应视木模大小而定。若砂箱选择过大，不仅消耗型砂量大，还会浪费舂砂工时。若砂箱过小，则木模周围型砂就可能舂不紧，在浇注时，金属液就容易从砂层不紧处流出，如图 2.13 所示。

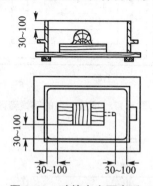

图 2.12　砂箱大小要合适

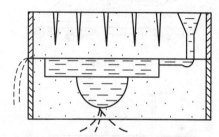

图 2.13　铁水从砂层不紧处流出

(2) 擦净木模，以避免造型时型砂与木模粘接，造成起模时对型腔的损坏。

(3) 放置木模，应注意木模斜度和方向，不得放错，如图 2.14 所示。

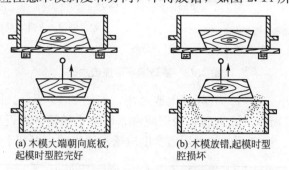

(a) 木模大端朝向底板，起模时型腔完好

(b) 木模放错，起模时型腔损坏

图 2.14　安装木模应注意斜度

2) 舂砂

(1) 舂砂时须将型砂分次加入。对小砂箱每次加砂厚度约为 50～70mm，如图 2.15 所示，过多过少均不易舂紧。第一次加砂时应用手将木模固定，并塞紧木模周围的型砂，如图 2.16 所示，以免舂砂时木模在砂箱内移动或造成起模时损坏砂型。

(2) 舂砂应均匀地按一定路线进行，如图 2.17 所示，以保证砂箱各处紧实度一致，注意不得撞击木模，如图 2.18 所示。

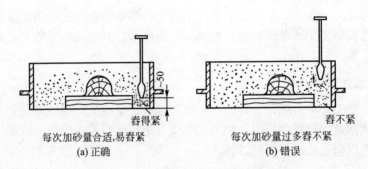

春得紧   春不紧

每次加砂量合适,易春紧   每次加砂量过多春不紧

(a) 正确   (b) 错误

图 2.15　每次加入砂量要合适

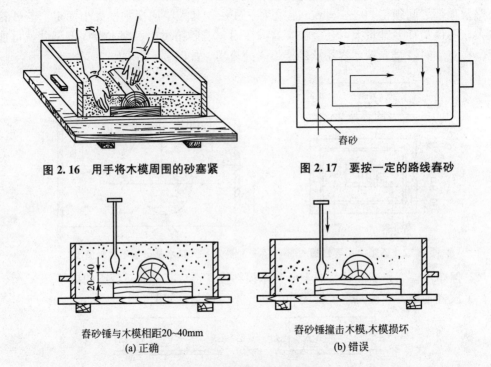

图 2.16　用手将木模周围的砂塞紧   **图 2.17　要按一定的路线春砂**

春砂锤与木模相距20~40mm   春砂锤撞击木模,木模损坏

(a) 正确   (b) 错误

图 2.18　春砂锤不要撞击木模

（3）春砂用力大小应适当。不可过大或过小，如图 2.19 所示。同一砂型的各处紧实度应不同，如图 2.20 所示。靠近砂箱内壁应春紧以防止塌箱；靠近型腔部分应稍紧以确保承受金属液的压力；远离型腔的砂层紧实度应依次适当减小以利于透气。

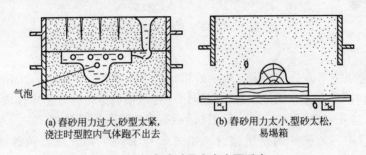

(a) 春砂用力过大,砂型太紧,   (b) 春砂用力太小,型砂太松,
浇注时型腔内气体跑不出去   易塌箱

图 2.19　春砂时用力大小要适当

3）撒分型砂

在下砂型造好翻转 180° 后，且在造上砂型之前，应在分型面上撒无粘性的分型砂，以防止上、下箱粘结造成开箱困难。撒砂时，手应距砂箱稍高，一边转圈，一边摆动，使分型砂从五指尖合拢的中心缓缓均匀落下，薄薄地覆盖在分型面上。最后应将木模上的分型砂吹尽，如图 2.21 所示，以免在造上砂型时，分型砂粘接到上砂型表面，浇注时被液态金属冲下，落入铸件造成夹砂缺陷。

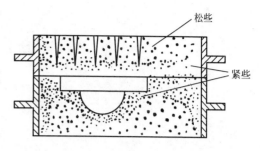

图 2.20 砂型各处的紧实度应不同

4）扎通气孔

在上砂型舂紧刮平后，须在木模投影面的上方，用直径 2～3mm 的通气针扎制通气孔，以利于在浇注时气体的逸出，如图 2.22 所示。通气孔应分布均匀，如图 2.23 所示。

图 2.21 应将木模上的分型砂吹掉

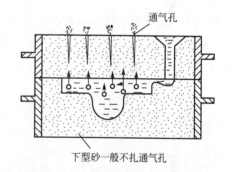

图 2.22 上砂型要扎通气孔便于气体排出

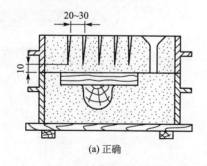

(a) 正确

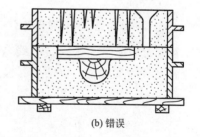

(b) 错误

图 2.23 通气孔要分布均匀，深度适当

5）开外浇口

外浇口如图 2.24 所示，应制成约 60° 的锥形，大端直径约为 60～80mm，表面应光滑，与直浇道连接处应修成圆滑过渡，便于浇注时金属液对正浇口、平稳引流入砂型。若将外浇口开得太浅或成碟形，则极易造成浇注时金属液四处飞溅。

6）作合箱标记

若上、下砂箱无定位销，则须在上、下砂型打开之前，在砂箱上作合箱标记。最

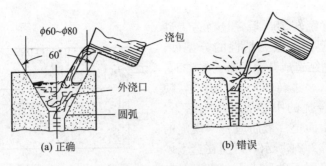

图 2.24　漏斗形外浇口

简单的方法是在箱壁上，用墁刀先抹平，再在抹平处刻线（俗称打泥标记）。合箱标记应位于砂箱壁上两直角边最远处，如图 2.25 所示，以保证 X 与 Y 两个方向均被定位，并限制砂型转动。两处合箱标记应不相同以防止合箱弄错，做好合箱标记后就可开箱起模。

7）起模。

（1）起模前要用毛笔沾水刷在木模周围的型砂上，如图 2.26 所示，以增加此处型砂的强度，防止起模时损坏砂型。刷水时应快速，不得使毛笔停留在某一处，以免浇注时产生大量的水蒸气造成铸件出现气孔缺陷。

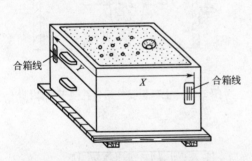

图 2.25　沿砂箱两直角边最远处做合箱线

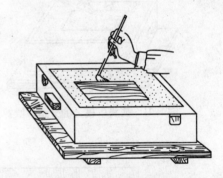

图 2.26　起模前应刷水

（2）起模针位置应尽量与木模重心线重合，如图 2.27 所示。起模前应用小锤轻轻敲击起模针的下部，使模型松动，以便于起模，如图 2.28 所示。

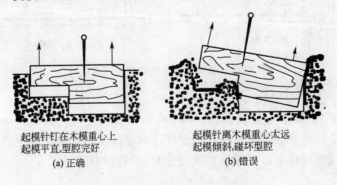

起模针钉在木模重心上
起模平直，型腔完好

（a）正确

起模针离木模重心太远
起模倾斜，碰坏型腔

（b）错误

图 2.27　起模针要尽量钉在木模重心上

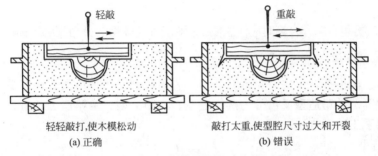

图 2.28　起模前要松动木模

8）修型

起模后，型腔若有损坏，应根据型腔形状和损坏程度，使用各种修型辅具来进行修补，如图 2.29、图 2.30 所示。

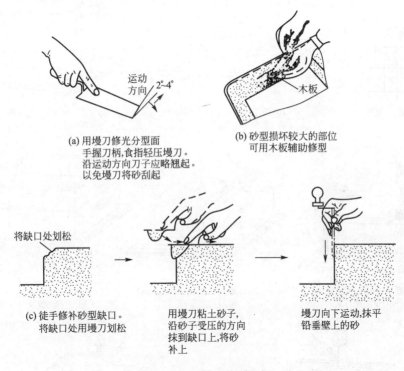

（a）用墁刀修光分型面
手握刀柄，食指轻压墁刀。
沿运动方向刀子应略翘起。
以免墁刀将砂刮起

（b）砂型损坏较大的部位
可用木板辅助修型

（c）徒手修补砂型缺口。
将缺口处用墁刀划松

用墁刀粘土砂子，
沿砂子受压的方向
抹到缺口上，将砂
补上

墁刀向下运动，抹平
铅垂壁上的砂

图 2.29　用墁刀修型示例

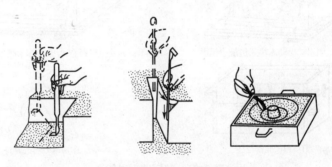

图 2.30　用砂钩和秋叶修型示例

9）合箱

修型完毕后方可合箱，合箱时应注意使砂箱保持水平下降，并对正合箱标记，严禁错箱。

4. 手工造型方法

手工造型方法很多，主要有：砂箱造型、脱箱造型、刮板造型、组芯造型、地坑造型和泥芯块造型等。砂箱造型又可分为两箱造型、三箱造型、叠箱造型和劈箱造型。下面介绍几种常用的手工造型方法。

1）整模造型

它是用一个整体的木模来造型的方法，其特点是型腔全部位于一个砂箱内，分型面是平面，如图 2.31 所示。其操作简单，所得铸型型腔的形状和尺寸精度高，适用于外形轮廓上有一个平面可作为分型面的简单铸件，如齿轮坯、轴承座、皮带轮等。

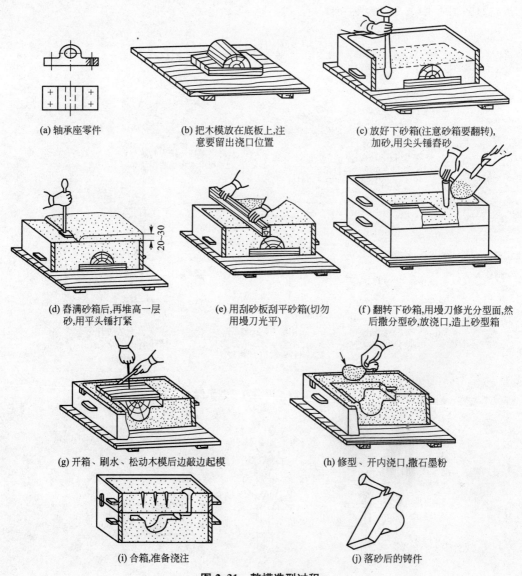

(a) 轴承座零件

(b) 把木模放在底板上,注意要留出浇口位置

(c) 放好下砂箱(注意砂箱要翻转),加砂,用尖头锤舂砂

(d) 舂满砂箱后,再堆高一层砂,用平头锤打紧

(e) 用刮砂板刮平砂箱(切勿用塌刀光平)

(f) 翻转下砂箱,用塌刀修光分型面,然后撒分型砂,放浇口,造上砂型箱

(g) 开箱、刷水、松动木模后边敲边起模

(h) 修型、开内浇口,撒石墨粉

(i) 合箱,准备浇注

(j) 落砂后的铸件

图 2.31　整模造型过程

2）两箱造型

它的应用最为广泛，按其模样又可分为整体模样造型和剖分模样造型。整模造型一般用在零件形状简单、最大截面在零件端面的情况，其造型过程如图 2.33 所示。分模造型是将模样从其最大截面处分开，并以此面作分型面。造型时，先将下砂型舂好，然后翻箱，舂制上砂箱，其造型过程如图 2.32 所示。

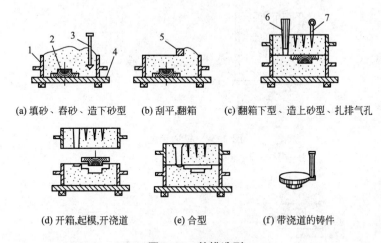

(a) 填砂、舂砂、造下砂型　　(b) 刮平,翻箱　　(c) 翻箱下型、造上砂型、扎排气孔

(d) 开箱,起模,开浇道　　(e) 合型　　(f) 带浇道的铸件

图 2.32　整模造型

1—砂箱；2—模样；3—砂舂子；4—模底板；5—刮板；6—浇口棒；7—气孔针

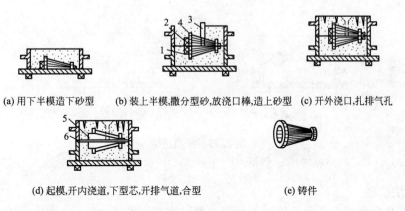

(a) 用下半模造下砂型　　(b) 装上半模,撒分型砂,放浇口棒,造上砂型　　(c) 开外浇口,扎排气孔

(d) 起模,开内浇道,下型芯,开排气道,合型　　(e) 铸件

图 2.33　分模造型

1—下半模；2—型芯头；3—上半模；4—浇口棒；5—型芯；6—排气孔

3）挖砂造型

有些铸件的模样不宜做成分开结构，必须做成整体的，在造型过程中局部被砂型埋住不能起出模样，这时就需要采用挖砂造型，即沿着模样最大截面挖掉一部分型砂，形成不太规则的分型面，如图 2.34 所示。挖砂造型工作麻烦，适用于单件或小批量的铸件生产。

4）假箱造型

其方法与挖砂造型相近，先采用挖砂的方法做一个不带直浇道的上箱，即假箱，砂型尽量舂实一些，然后用这个上箱作底板制作下箱砂型，最后再制作用于实际浇铸用的上箱砂型，其原理如图 2.35 所示。

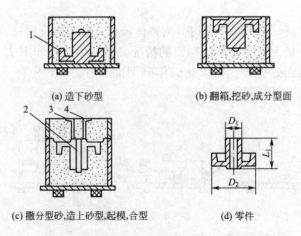

(a) 造下砂型　　　　　　　(b) 翻箱,挖砂,成分型面

(c) 撒分型砂,造上砂型,起模,合型　　　(d) 零件

图 2.34　挖砂造型

1—模样；2—砂芯；3—出气孔；4—浇口杯

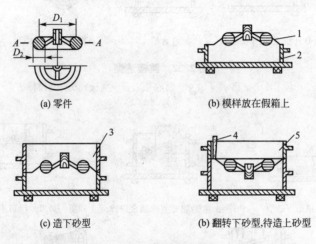

(a) 零件　　　　　　　(b) 模样放在假箱上

(c) 造下砂型　　　　　　　(b) 翻转下砂型,待造上砂型

图 2.35　假箱造型

1—模样；2—假箱；3—下砂型；4—浇口棒；5—上砂箱

5）活块造型

有些零件侧面带有凸台等突起部分，造型时这些突出部分妨碍模样从砂型中起出，故在模样制作时，可将突出部分做成活块，用销钉或燕尾槽与模样主体连接，起模时，先取出模样主体，然后从侧面取出活块，这种造型方法称为活块造型，如图 2.36 所示。

6）刮板造型

它适用于单件、小批量生产中、大型旋转体铸件或形状简单的铸件，方法是利用刮板模样绕固定轴旋转，将砂型刮制成所需的形状和尺寸，如图 2.37 所示。刮板造型模样制作简单、省料，但造型生产效率低，并要求有较高的操作技术。

7）三箱造型

对一些形状复杂的铸件，只用一个分型面的两箱造型难以正常取出型砂中的模样，必须采用三箱或多箱造型的方法。三箱造型有两个分型面，操作过程较两箱造型复杂，生产效率低，只适用于单件小批量生产，其工艺过程如图 2.38 所示。

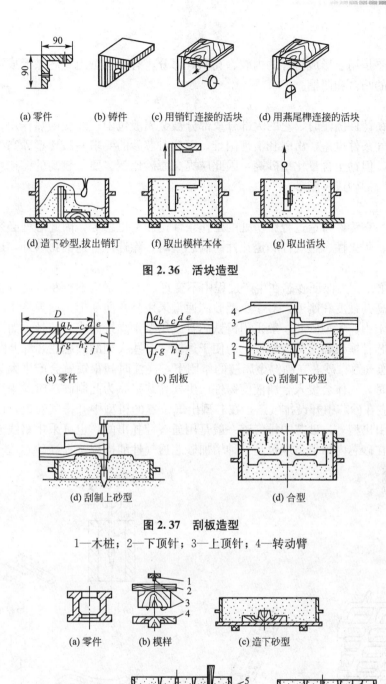

(a) 零件　　　(b) 铸件　　(c) 用销钉连接的活块　　(d) 用燕尾榫连接的活块

(d) 造下砂型,拔出销钉　　(f) 取出模样本体　　(g) 取出活块

图 2.36　活块造型

(a) 零件　　　　(b) 刮板　　　　(c) 刮制下砂型

(d) 刮制上砂型　　　　(d) 合型

图 2.37　刮板造型

1—木桩；2—下顶针；3—上顶针；4—转动臂

(a) 零件　　　(b) 模样　　　(c) 造下砂型

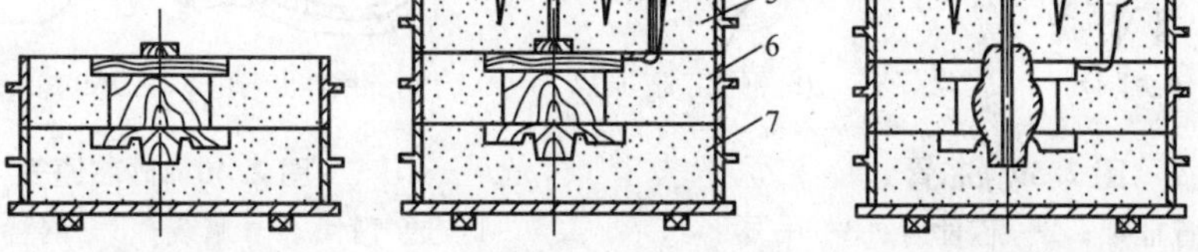

(d) 翻箱,造中砂型　　　(e) 造上砂型　　　(f) 起模,下芯,合模

图 2.38　三箱造型

1—上箱模样；2—中箱模样；3—销钉；4—下箱模样；5—上砂型；6—中砂型；7—下砂型

5. 制芯

芯型主要是用于形成铸件的内腔、孔洞等部分，有时也可用型芯来形成铸件外形上那些妨碍起模的凸台和凹槽。

1）芯砂

因芯型在铸件浇注时，它的大部分或部分被金属液包围，经受的热作用、机械作用均较强烈，排气条件也差，出砂和清理困难，因此对芯砂的要求一般比型砂高。一般可用粘土砂做芯型，但粘土含量比型砂高，因此应提高原砂比例。要求较高的铸造生产时，可用钠水玻璃砂、油砂或树脂砂。

2）制芯工艺

由于芯型在铸件铸造过程中所处的工作条件比砂型更恶劣，因此芯型必须具备比砂型更高的强度、耐火性、透气性和退让性。制芯型时，除选择合适的材料外，还须采取以下工艺措施：

（1）放龙骨。为保证砂芯在生产过程中不变形、不开裂、不折断，通常在砂芯中埋置芯骨，以提高其强度和刚度。对于小型砂芯通常采用易弯曲变形、回弹性小的退火铁丝制作芯骨；对于中、大型砂芯一般采用铸铁芯骨或用型钢焊接而成的芯骨，如图 2.39 所示。这类芯骨由芯骨框架和芯骨齿组成，为便于运输，一些大型的砂芯在芯骨上做出吊耳。

（2）开通气道。砂芯在高温金属液的作用下，浇注时间很短就会产生大量气体。当砂芯排气不良时，气体会侵入金属液使铸件产生气孔缺陷，为此制砂芯时除采用透气性好的芯砂外，还应在砂芯中开设排气道，在芯型出气位置的铸型中开排气通道，以便将砂芯中产生的气体引出型外。砂芯中排气道一般是用通气针扎出的，也可采用蜡线或尼龙管做出气孔，另外在砂芯内加填焦炭也是一种增加砂芯透气性的措施。提高砂芯透气性的方法如图 2.40 所示。

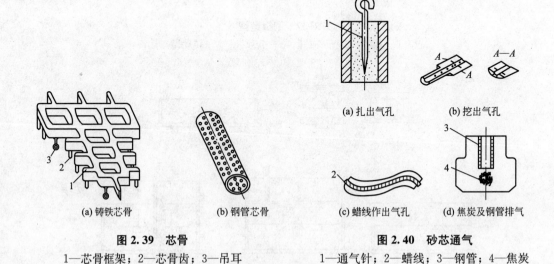

| (a) 铸铁芯骨 | (b) 钢管芯骨 | (a) 扎出气孔　(b) 挖出气孔
(c) 蜡线作出气孔　(d) 焦炭及钢管排气 |

图 2.39　芯骨　　　　　　　　　　　　　图 2.40　砂芯通气
1—芯骨框架；2—芯骨齿；3—吊耳　　　　1—通气针；2—蜡线；3—钢管；4—焦炭

（3）刷涂料。其作用是降低铸件表面的粗糙度值，减少铸件黏砂、夹砂等缺陷。一般中、小铸钢件和部分铸铁件可用硅粉涂料，大型铸钢件用刚玉粉涂料，石墨粉涂料常用于铸铁件生产。

（4）烘干。砂芯烘干后可提高强度和增加透气性。烘干时应采用低温进炉、合理控温、缓慢冷却的烘干工艺。烘干温度：粘土砂芯为 250～350℃，油砂芯为 200～220℃，树脂砂芯为 200～240℃，烘干时间在 1～3h。

3）制芯方法

制芯方法分手工制芯和机器制芯两大类。

（1）手工制芯。它可分为芯盒制芯和刮板制芯。芯盒制芯是应用较广的一种方法，按芯盒结构的不同，又可分为整体式芯盒制芯、分式芯盒制芯及脱落式芯盒制芯。

① 整体式芯盒制芯，如图 2.9 所示。对于形状简单、且有一个较大平面的砂芯，可采用这种方法。

② 分式芯盒制芯，其工艺过程如图 2.10 所示。也可采用两半芯盒分别填砂制芯，然后组合使两半砂芯粘合后取出砂芯的方法。

③ 脱落式芯盒制芯，其操作方式和分式芯盒制芯类似，不同的是把妨碍砂芯取出的芯盒部分做成活块，取芯时，从不同方向分别取下各个活块。

④ 刮板制芯，其工艺如图 2.41 所示。对于具有回转体形的砂芯可采用刮板制芯方式，和刮板造型一样，它也要求操作者有较高的技术水平，并且生产率低，所以刮板制芯适用于单件、小批量生产砂芯。

（2）机器制芯。机器制芯与机器造型原理相同，也有震实式、微震压实式和射芯式等多种方法。机器制芯生产率高、芯型紧实度均匀、质量好，但安放龙骨、取出活块或开气道等工序有时仍需手工完成。

6. 浇注系统

浇注系统是砂型中引导金属液进入型腔的通道。

1）浇注系统的基本要求

浇注系统的基本要求如下：

（1）引导金属液平稳、连续的充型，防止卷入、吸收气体和使金属过度氧化。

（2）充型过程中金属液流动的方向和速度可以控制，保证铸件轮廓清晰、完整，避免因充型速度过高而冲刷型壁，或砂芯及充型时间不适合造成的夹砂、冷隔、皱皮等缺陷。

（3）具有良好的挡渣、溢渣能力，净化进入型腔的金属液。

（4）浇注系统结构应当简单、可靠，金属液消耗少，且容易清理。

2）浇注系统的组成

它一般由外浇口、直浇道、横浇道和内浇道四部分组成，如图 2.42 所示。

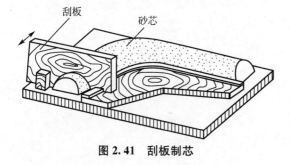

图 2.41　刮板制芯

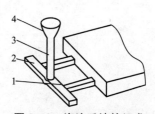

图 2.42　浇注系统的组成

1—内浇道；2—横浇道；3—直浇道；4—外浇口

（1）外浇口。用于承接浇注的金属液，起防止金属液的飞溅和溢出、减缓对型腔的冲击、分离渣滓和气泡、阻止杂质进入型腔的作用。外浇口分漏斗形（浇口杯）和盆形（浇口盆）两大类。

（2）直浇道。其功能是从外浇口引导金属液进入横浇道、内浇道或直接导入型腔。直浇道有一定高度，使金属液在重力的作用下克服各种流动阻力，在规定时间内完成充型。直浇道常做成上大下小的锥形、等截面的柱形或上小下大的倒锥形。

（3）横浇道。它是将直浇道的金属液引入内浇道的水平通道。其作用是将直浇道金属液压力转化为水平速度，减轻对直浇道底部铸型的冲刷，控制内浇道的流量分布，阻止渣滓进入型腔。

（4）内浇道。它与型腔相连，其功能是控制金属液充型速度和方向，分配金属液，调节铸件的冷却速度，对铸件起一定的补缩作用。

3）浇注系统的类型

按内浇道在铸件上的相对位置，浇注系统分为顶注式、中注式、底注式和阶梯注入式等，如图 2.43 所示。

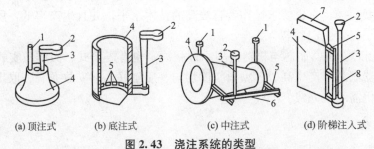

(a) 顶注式　　(b) 底注式　　(c) 中注式　　(d) 阶梯注入式

图 2.43　浇注系统的类型

1—出气口；2—浇口杯；3—直浇道；4—铸件；5—内浇道；
6—横浇道；7—冒口；8—分配直浇道

4）冒口和冷铁

为实现铸件在浇注、冷凝过程中能正常充型和冷却收缩，一些铸型设计须采用冒口和冷铁。

（1）冒口。铸件浇注后，金属液在冷凝过程中会发生体积收缩，为防止由此而产生的缩孔、缩松等缺陷，常在铸型中设置冒口。即人为设置用以存储金属液的空腔，来补偿铸件形成过程中可能产生的收缩，可实现顺序凝固，同时也有利于排气、集渣及引导充型。

冒口形状有圆柱形、球顶圆柱形、长圆柱形、方形和球形等。若冒口设在铸件顶部，使铸型通过冒口与大气相通，称为明冒口；冒口设在铸件内部则为暗冒口，如图 2.44 所示。

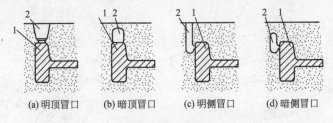

(a) 明顶冒口　　(b) 暗顶冒口　　(c) 明侧冒口　　(d) 暗侧冒口

图 2.44　冒口

1—铸件；2—冒口

冒口一般应设在铸件壁厚交叉部位的上方或旁侧，并尽量使其位于铸件最高、最厚部位，其体积应能保证所提供的补缩液量不小于铸件的冷凝收缩和型腔扩大量之和。值得注意的是：在浇注冷凝后，冒口与铸件相连，清理铸件时，应除去冒口并将其回炉。

（2）冷铁。为加快铸件局部冷却，在型腔内部及工作表面安放的金属块称为冷铁。冷铁分为内冷铁和外冷铁两类，放置在型腔内浇注后与铸件熔合为一体的金属冷块称为内冷铁，在造型时放在模样表面的金属急冷块为外冷块，如图 2.45 所示。外冷铁一般可重复使用。

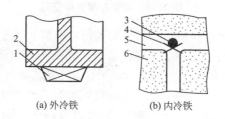

(a) 外冷铁   (b) 内冷铁

图 2.45　冷铁

1—冷铁；2—铸件；3—长圆柱形冷铁；4—钉子；5—型腔；6—型砂

冷铁的作用在于调节铸件凝固顺序，在冒口难以补缩的部位防止缩孔、缩松，扩大冒口的补缩距离，避免在铸件壁厚交叉及急剧变化部位产生裂纹。

7. 合箱

砂箱装配工序，简称为合箱，它是造型的最后工序，其操作不正确，会造成错箱、气孔、壁厚不均匀、毛刺、落砂等缺陷。合箱应保证型腔几何形状及尺寸准确、型芯安放稳固。

1) 合箱步骤

（1）下型芯。在下型芯之前，应仔细检查砂型有无破损，有无散落砂粒及脏物；浇口是否修光；型芯是否烘干及破损；型芯通气道是否顺畅。按图纸检查砂型和型芯的几何形状和尺寸，检查型芯头与型芯座是否吻合。

型芯一般是通过型芯头安放在下砂型的型芯座上，有某些特殊要求时，可将型芯悬吊在上砂箱上，称为吊芯，如图 2.46 所示。

当某些铸件因结构限制没有足够的型芯头来支撑型芯时，如图 2.47 所示，可用金属薄片做型芯撑，型芯撑的形状多种多样，应与型芯的形状相适应。

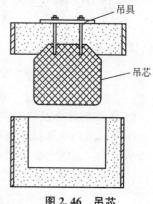

吊具

吊芯

图 2.46　吊芯

型芯撑的材料应尽可能与铸件的材料相近，以避免过早溶化，失去支撑作用。铸钢和铸铁件的型芯撑多用低碳钢制造。型芯撑的大小、数量应根据被支撑型芯的重量和型芯所受的金属液的浮力来确定，并使型芯撑上承受的压力不超过砂型的抗压强度。此外，型芯撑应表面干净，无油污及锈蚀，可对其进行表面镀锌或镀锡等处理。

值得注意的是：型芯撑周围常因与铸件熔合不好而引起铸件渗漏、气孔等缺陷。对于技术要求高的铸件，特别是须承受耐压的铸件，最好不使用型芯撑。

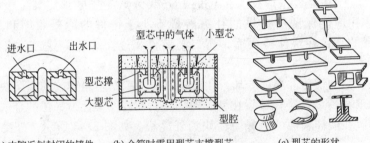

(a) 内腔近似封闭的铸件　　(b) 合箱时需用型芯支撑型芯　　(c) 型芯的形状

图 2.47　用型芯撑支撑型芯

(2) 砂型装配检验。除对砂型及型芯分别进行检验外，当型芯安装到砂型后，还应对装配的砂型尺寸、相对位置、壁厚等用样板检查，如图 2.48 所示。

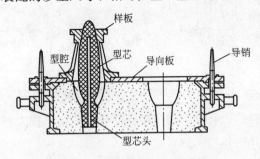

图 2.48　装配后的砂型用样板检验

(3) 型芯通气道应与大气连通。检查合格后，即可紧固型芯，然后将砂型中的型芯通气道与砂型中的通气孔连通，并使之顺畅排气至砂箱外。气体引出的方式应依据型芯在砂型中的位置不同而不同，如图 2.49 所示。为避免金属液由型芯头及型芯座之间的间隙流入型芯头端部，造成通气道闭塞，以及在分型面处金属液泄露（俗称跑火），可在间隙处填以泥条或干砂。

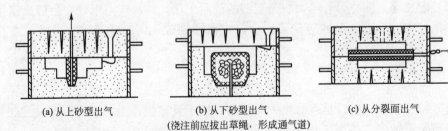

(a) 从上砂型出气　　(b) 从下砂型出气　　(c) 从分裂面出气

（浇注前应拔出草绳，形成通气道）

图 2.49　型芯中气体的引出方式

2) 压铁的计算及紧固装置的选择

在金属液浇入砂型后，根据帕斯卡原理，金属液将会对上砂型产生压力，当此压力大于砂型重力时，就会将上砂型浮起，造成跑火，因此在浇注时必须在上砂型上加压铁或用螺杆、卡子等紧固，如图 2.50 所示。金属液对上砂型的垂直浮力为 P，如图 2.51 所示：

图 2.50　压铁及铸件装置

$$P = Fhr$$

式中：P 为上砂型所受到的垂直总浮力(N)；F 为上砂型与金属液接触的投影面积(m^2)；h 为上砂型型腔上表面至浇口杯中金属液的高度(m)，若砂型型腔上表面不是平面，可用平均高度代替；r 为金属液比重(N/m^3)。

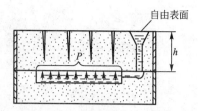

图 2.51　金属液对上砂型有垂直向上的压力

计算出的总浮力减去上砂型的重量，即可确定铸型上所需的压铁重量或紧固件所承受的拉力。考虑在金属液浇注时还会产生冲击力，因此在计算值中再乘以安全系数 $1.3 \sim 1.5$。

3) 紧固砂型和压铁应注意事项

紧固砂型和压铁时，应注意使砂箱受力均匀对称，以防跑火。同时压铁应压在砂箱上，不能直接按压在砂型上，以免塌箱。

2.3　熔炼与浇注

1. 铸铁熔炼

铸铁熔炼是将金属料、辅料入炉加热，熔化成铁水，为铸造生产提供预定成分和温度、非金属夹杂物和气体含量少的优质铁液的过程，它是决定铸件质量的关键工序之一。

1) 铸铁熔炼的要求

其基本要求可以概括为优质、高产、低耗、长寿与操作便利，具体如下：

(1) 铁液质量好。铁液的出炉温度应满足浇注铸件的需要，并保证得到无冷隔、轮廓清晰的铸件。一般来说，铁液出炉温度应根据不同的铸件至少要达到 $1420 \sim 1480$℃。

铁液的主要化学成分 Fe、C、Si 等必须达到规定牌号铸件的规范要求，S、P 等杂质成分必须控制在限量以下，并减少铁液对气体的吸收量。

(2) 熔化速度快。在确保铁液质量的前提下，提高熔化速度，充分发挥熔炼设备的生产能力。

(3) 熔炼耗费少。应尽量降低熔炼过程中包括燃料在内的各种有关材料的消耗，减少铁及合金元素的烧损，取得较好的经济效益。

(4) 炉衬寿命长。延长炉衬寿命不仅可节省炉子维修费用，对于稳定熔炼工作过程、提高生产率也有重要作用。

(5) 操作条件好。操作方便、可靠，并提高机械化、自动化程度，尽力消除对周围环境的污染。

2) 冲天炉的基本结构

铸铁熔炼的设备有冲天炉、感应电炉、电弧炉等多种，冲天炉应用最为广泛，它的特点是结构简单、操作方便、生产率高、成本低，并且可连续生产。如图 2.52 所示为冲天炉的结构简图，它由支撑部分、炉体、前炉、送风系统和炉顶五部分组成。

(1) 支撑部分。包括炉底与炉基，对整座炉子和炉料起支撑作用。

(2) 炉体。炉体包括炉身、炉缸、炉底和工作门等，是冲天炉的主要部分，炉体内部

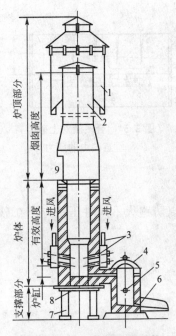

图 2.52 冲天炉的主要结构

1—除尘器；2—烟囱；3—送风系统；
4—前炉；5—出渣口；6—出铁口；
7—支柱；8—炉底板；9—加料口

砌耐火材料，金属熔炼在这里完成。加料口下缘至第一排风口之间的炉体称为炉身，其内部空腔称为炉膛。第一排风口至炉底之间的炉体称为炉缸。燃料在炉体内燃烧，熔化的金属液和液态炉渣在炉缸会聚，最后排入前炉。

（3）前炉。包括过桥、前炉体、前炉盖、渣门、出铁槽和出渣槽等，其作用是储存铁液，均匀其成分及温度，并使炉渣和铁液分离。

（4）送风系统。指从鼓风机出口至风口出口处为止的整个系统，包括进风管、风箱和风口，其作用是向炉内均匀送风。

（5）炉顶部分。包括加料口以上的烟囱和除尘器，作用是添加炉料，排出炉气，消除或减少炉气中的烟尘和有害成分。

3）冲天炉炉料

冲天炉炉料由金属料、燃料、熔剂等组成。

（1）金属料。金属料主要是生铁、废钢、回炉铁和铁合金。生铁是指高炉生铁；回炉铁是指浇冒口、废铸件等；废钢是指废钢头、废钢件和钢屑等；铁合金包括硅铁、锰铁、铬铁和稀土合金。各种金属料的加入量是根据铸件的化学成分要求及熔炼时各元素烧损量计算出来的。金属料使用前应除去污锈并破碎，块料最大尺寸不应超过炉径的 1/3，质量不应超过批料质量的 1/20～1/10。铁合金的块度以 40～80mm 为宜。

（2）燃料。冲天炉所用燃料有焦炭、重油、煤粉、天然气等，其中以焦炭应用最为广泛。焦炭的质量和块度大小对熔炼质量有很大影响。焦炭中固定碳含量越高，发热量越大，铁液温度越高，同时熔炼过程中由灰分形成的渣量相应减少。焦炭应具有一定的强度及块料尺寸，以保持料柱的透气性，维持炉子正常熔化过程。层焦块度在 40～120mm，底焦块度大于层焦。焦炭用量为金属炉料的 1/10～1/8，这一数据称焦铁比。

（3）熔剂。冲天炉用的熔剂有石灰石、萤石等，其作用是在高温下分解，和炉衬的侵蚀物、焦炭的灰分、炉料中的杂质、金属元素烧损所形成的氧化物等反应生成低熔点的复杂化合物，即炉渣，并提高炉渣的流动性，从而顺利地使炉渣与铁液分离，自渣口排出炉外。熔剂的块度一般为 20～50mm，用量为焦炭用量的 30% 左右。

4）冲天炉熔炼操作过程

冲天炉熔炼操作过程如下：

（1）修炉与烘炉。冲天炉每一次开炉前都要对上次开炉后炉衬的侵蚀和损坏进行修理，用耐火材料修补好炉壁，然后用干柴或烘干器慢火充分烘干前、后炉。

（2）点火与加底焦。烘炉后，加入干柴，引火点燃，然后分三次加入底焦，使底焦燃烧，调整底焦加入量至规定高度。这里，底焦是指金属料加入以前的全部焦炭量，底焦高度则是从第一排风口中心线至底焦顶面为止的高度，不包括炉缸内的底焦高度。

（3）装料。加完底焦后，加入两倍批料量的石灰石，然后加入一批金属料，以后依次加入批料中的焦炭、熔剂、废钢、新生铁、铁合金、回炉铁。加入层焦的作用是补充底焦消耗，批料中熔剂的加入量约为层焦重量的 20％～30％。批料应一直加到加料口下缘为止。

（4）开风熔炼。装料完毕后，自然通风 30min 左右，即可开风熔炼。在熔炼过程中，应严格控制风量、风压、底焦高度，注意铁水温度、化学成分，保证熔炼正常进行。熔炼过程中，金属料被熔化，铁水滴穿底焦缝隙下落到炉缸，再经过通道流入前炉，而生成的渣液则漂浮在铁水表面。此时可打开前炉出铁口排出铁水用于铸件浇注，同时每隔 30～50min 打开渣口出渣。在熔炼过程中，正常投入批料，使料柱保持规定高度，最低不得比规定料位低二批料。

（5）停风打炉。停风前在正常加料后加二批打炉料（大块料）。停料后，适当降低风量、风压，以保证最后几批的熔化质量。前炉有足够的铁液量时即可停风，待炉内铁液排完后进行打炉，即打开炉底门，用铁棒将底焦和未熔炉料捅下，并喷水熄灭。

5）冲天炉熔炼的基本原理

冲天炉熔炼的一般过程是：冲天炉通风后，由风口进入的空气和底焦发生反应燃烧，生成的高温炉气穿过炉料向上流动，给炉料加热。底焦顶面上的金属料熔化后，铁水下滴，在穿过底焦到炉缸的过程中，被高温炉气和炽热的焦炭进一步过热。随着底焦燃烧消耗和金属料熔化，料层逐渐下降，由层焦补偿底焦，批料逐次熔化，使熔炼过程连续进行。在这个过程中，会发生一系列冶金反应使铁液成分发生变化，石灰石高温分解后与焦炭中的灰分和炉衬侵蚀物作用形成炉渣。所以说冲天炉熔炼有底焦燃烧、热量交换和冶金反应三个基本过程。

（1）底焦燃烧。冲天炉内的燃烧过程是在底焦中进行的，图 2.53 所示为冲天炉工作原理简图。空气在穿越焦炭过程中，其中的氧气(O_2)与碳(C)发生燃烧反应，生成 CO_2 及 CO。反应式为：

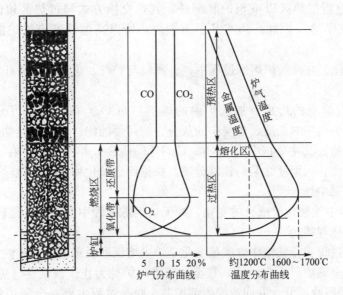

图 2.53　冲天炉工作原理图

$$C+O_2=CO_2+408841J/mol \tag{2-1}$$

$$2C+O_2=2CO+123218J/mol \qquad (2-2)$$
$$2CO+O_2=2CO_2+285623J/mol \qquad (2-3)$$

此反应为放热反应，随着反应进行，炉气中 O_2 逐渐减少，CO_2 浓度增加，炉温上升。从排风口到自由氧耗尽、CO_2 浓度达到最大值的区域，称为氧化带。在氧化带以上区域，因高温、缺氧，下面吸热的还原反应得以进行：

$$CO_2+C=2CO-162406J/mol \qquad (2-4)$$

从而使炉气中 CO_2 浓度逐渐减小，CO 浓度逐渐增加，炉温也逐渐下降。从氧化带顶面至炉气中 CO_2 和 CO 含量基本不变的区域，称为还原带。冲天炉内的炉气成分、炉气温度的分布规律如图 2.53 所示。还原反应是吸热反应，起降低炉温作用，应从提高焦炭质量、改善送风来抑制这一反应进行。但炉气内有一定含量的 CO，可减少 Si、Mn 等合金元素的烧损，保证铁液冶金质量。

（2）热量交换。冲天炉的热量交换是在高温炉气上升和炉料向下运动的过程中进行的。根据冲天炉内焦炭存在的状态不同，冲天炉内可分为预热区、熔化区、过热区和炉缸区。

① 自冲天炉加料口下缘附近的炉料面开始，至金属料开始熔化的位置，这一段炉身高度称为预热区。上升炉气主要以对流传热方式给炉料加热，使金属料在下降过程中逐渐升温至 1200℃ 左右的熔化温度。

② 从金属料开始熔化到熔化完毕这一段炉身高度称为熔化区。炉气给热仍以对流传热为主，铁料在熔点温度获得熔化潜热而熔化成液体，同时还吸收了熔化所必需的一定过热热量。

③ 铁液熔化后液滴在下落过程中，与炽热的焦炭和高温炉气相接触，温度进一步提高，称为过热。这时的热交换方式以接触传导为主，最终铁液的温度可达到 1600℃ 左右，铁液经过的这一炉身区域称为过热区。

④ 炉缸区是指过热区以下至炉底部分，其热交换方式与过热区相似。但一般情况下，因为无空气供给，炉缸区焦炭几乎不燃烧，所以高温铁液流过炉缸区时温度是下降的。

（3）冶金反应。在冲天炉熔炼过程中，金属料与炉气、焦炭、炉渣相接触，会发生一系列冶金反应。

① 冲天炉内炉渣的形成。加入炉内的熔剂（$CaCO_3$）在高温下可分解而得到石灰（CaO），CaO 与炉料中的杂质、焦炭中的灰分、炉衬侵蚀物、金属氧化物等反应而形成复杂化合物，即炉渣。其主要成分是 SiO_2、CaO 和 Al_2O_3，熔点较低，在 1300℃ 左右，液态下有较小的黏度，因而使之易与铁液分离。根据所含氧化物成分及化学性质的不同炉渣分为酸性、碱性和中性。

② 熔炼过程中铁液化学成分的变化。冲天炉熔炼过程中应注意的是碳、硅、锰、磷、硫五大元素的变化规律。

冲天炉熔炼过程中，铁液中含碳量变化是炉内增碳和脱碳两个过程的综合结果。增碳过程主要发生在金属炉料熔化以后，直至铁液排出炉外为止。铁液在与焦炭接触过程中，在铁液-焦炭界面吸收碳分，并向液滴内部扩散。脱碳过程主要是金属炉料熔化及熔化以后，铁液中的碳（C）被炉气中的氧化气氛（O_2、CO_2）和铁液中的 FeO 所氧化，其反应式为：

$$C+O_2=CO_2+Q \tag{2-5}$$
$$C+CO2=2CO-Q \tag{2-6}$$
$$C+FeO=Fe+CO-Q \tag{2-7}$$

式中：Q 为热量。

影响铁液含碳量变化的主要因素有炉料化学成分、焦炭、供风条件、炉渣和炉子结构。在酸性冲天炉熔炼过程中，铁液内碳总体变化趋向是增加的。

由于炉气氧化气氛的作用，金属料中的硅、锰因氧化有所烧损。在正常熔炼条件下，酸性冲天炉硅的烧损率为 10%～15%，锰的烧损率为 15%～20%；碱性冲天炉硅的烧损率为 20%～25%，锰的烧损率为 10%～15%。铁液中的硫、磷属有害成分。硫的来源一个是炉料中固有的硫成分，另一个是焦炭中含有的硫被铁液吸收。酸性炉不具备脱硫的能力，铁液中的硫增加。碱性炉则在熔炼过程中能有效脱硫。

冲天炉熔炼中，磷的质量分数基本不变，铁液的含磷量只能通过配料来控制。

2. 浇注工艺

将熔炼好的金属液浇入铸型的过程称为浇注。浇注操作不当，铸件会产生浇不足、冷隔、夹渣、缩孔和跑火等缺陷。

1）浇注前的准备工作

（1）准备浇包。浇包是用于盛装铁水进行浇注的工具。应根据铸型大小、生产批量来准备合适和足够数量的浇包。常见的浇包有一人使用的端包，两人操作的抬包和用吊车装运的吊包，容量分别为 20kg、50～100kg、大于 200kg。

（2）清理通道。浇注时操作人员行走的通道不能有杂物挡道，更不许有积水。

（3）整理场地。浇注场地要有畅通的走廊且无积水。炉子出液口和出渣口下的底面不能有积水，一般应铺干砂。

（4）浇注前须了解铸件的种类、牌号和重量，同牌号铸型应集中一起，以便于浇注。

2）浇注工艺

（1）浇注温度。金属液浇注温度的高低，应根据铸件材质、大小及形状来确定。若浇注温度过低，铁液的流动性差，易产生浇不足、冷隔、气孔等缺陷；若浇注温度偏高，铸件收缩大，易产生缩孔、裂纹、晶粒粗大及粘砂等缺陷。铸铁件的浇注温度一般在 1250～1360℃之间。对形状复杂的薄壁铸件浇注温度应高些，厚壁简单铸件可低些。

（2）浇注速度。浇注速度要适中，太慢会使金属液降温严重，易产生浇不足、冷隔、夹渣等缺陷；浇注速度太快，金属液充型过程中气体来不及逸出易产生气孔，同时金属液的动压力增大，易冲坏砂型或产生抬箱、跑火等缺陷。浇注速度应根据铸件的大小、形状来确定。浇注开始时，浇注速度应慢，这有利于减小金属液对型腔的冲击和气体从型腔中排出；随后浇注速度应加快，以提高生产速度，并避免产生缺陷；结束阶段再降低浇注速度，防止发生抬箱现象。

值得注意的是：浇注前须进行扒渣操作，即清除金属液表面的熔渣，以免熔渣进入型腔；浇注时应在砂型出气口、冒口处引燃，促使气体快速排出，防止铸件气孔和减少有害气体污染空气；浇注过程中不能断流，应始终使外浇口保持充满，以便熔渣上浮；另外浇注是高温作业，操作人员应注意安全。

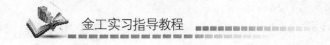

2.4 铸件落砂、清理及缺陷分析

1. 铸件的落砂和清理

1) 落砂

铸件从砂型中取出称为落砂，落砂应注意开箱时间，若开箱过早铸件未凝固易发生烫伤事故。即使凝固，开箱太早也会使铸件产生表面硬皮，造成机械加工困难，或使铸件发生变形、产生裂纹等。铸件在砂型中冷却时间与铸件的合金性质，以及形状、尺寸、重量、厚度相关。合金收缩率大、形状复杂的大型铸件要比收缩性小、形状简单的薄壁件冷却慢。一般对于 10kg 以下的铸件，浇满后 1h 左右就可开箱。单件生产落砂用手工进行，成批生产宜采用机械化落砂。

落砂后应对铸件进行初步检验，若有明显缺陷，则应单独存放，以决定是否报废或修补，只有初步判定合格的铸件才能进行清理。

2) 清理

它包括去除浇冒口、表面毛刺及飞边等，清除型芯及表面黏砂。

浇冒口多采用锤子敲掉，打浇冒口时应注意锤击方法，如图 2.54 所示，以免将铸件损伤。同时还应注意安全，敲击方向不可正对他人。铸钢件因塑性好，一般要采用气割来去除，有色金属多采用锯割去除。

铸件表面清理一般采用钢丝刷、风铲等手动工具来进行，因劳动条件差，生产率低，现多采用清理机来完成，常用的有：清理滚筒、喷砂及喷丸机等。清理滚筒最简单且应用最广，滚筒有圆形和多边形，如图 2.55 所示。为提高效率，在滚筒中可装入一些硬度很高的白口铸铁制成的铁星或清理下来的铁片。当滚筒工作时，铁星与铸件间产生碰撞、摩擦，从而将铸件表面清理干净。铸件清理干净，可避免机械切削加工时对切削刀具的伤害。清理后的铸件还得仔细进行质量检查。

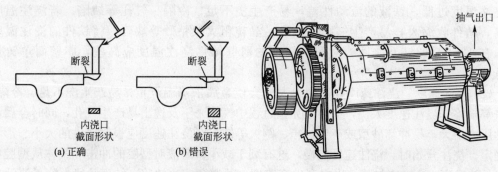

图 2.54 用锤敲打浇冒口时应注意方向　　　　图 2.55 清理滚筒

2. 铸件缺陷分析

铸件在浇注后，要经过落砂、清理，然后进行质量检验。符合质量要求的铸件才能进入下一道零件加工工序，次品根据缺陷修复在技术上和经济上的可行性酌情修补，废品则重新回炉。由于铸造生产工序繁多，所用原、辅材料种类多，铸件缺陷的形式也很多，其形成原因十分复杂，总体来讲主要与生产程序失控，操作不当和原、辅材料差错三方面分不开。国家标准 GB/T 5611—1998《铸造术语》铸造名词术语将铸件缺陷分为 8 大类 50 余种，表 2-1 列出了砂型铸造常见的铸件缺陷及产生原因。

表 2-1　铸件常见缺陷及产生原因

序号	缺陷名称和特征	产生的原因
1	气孔：在铸件内部、表面或接近表面处，内壁光滑，形状有圆形、梨形、腰圆形或针头状，大气孔常孤立存在，小气孔成片聚集。断面直径在 1 至数毫米，长气孔在 3~10mm A放大 聚集气孔 A	1. 炉料潮湿、锈蚀、油污，金属液含有大量气体或产气物质 2. 砂型、芯型透气性差，含水分和发气物质太多。芯型未烘干，排气不畅 3. 浇注系统不合理，浇注速度过快 4. 浇注温度低，金属液除渣不良，黏度过高 5. 型砂、芯砂和涂料成分不当，与金属液发生反应
2	1. 缩孔：在铸件厚断面内部，两交界面的内部及厚断面和厚断面交接处的内部或表面，形状不规则，孔内壁粗糙不平，晶粒粗大 2. 缩松：在铸件内部微小而不连贯的缩孔，聚集在一处或多处，金属晶粒间存在很小的孔眼，水压试验渗水 缩孔　　缩松	1. 浇注温度不当，过高易产生缩孔，过低易产生缩松 2. 合金凝固时间过长或凝固温度间隔过宽 3. 合金中杂质和溶解的气体过多，金属成分缺少晶粒细化元素 4. 铸件结构设计不合理，壁厚变化大 5. 浇注系统、冒口、冷铁等设置不当，使铸件在冷缩时得不到有效补缩
3	黏砂：在铸件表面上、全部或部分覆盖着金属(或金属氧化物)与砂(或涂料)的混合物或化合物，或一层烧结的型砂，致使铸件表面粗糙 黏砂	1. 型砂和芯砂太粗，涂料质量差或涂层厚度不均匀 2. 砂型和芯型的紧实度低或不均匀 3. 浇注温度和浇口杯高度太高，浇注过程中金属液压力大 4. 型砂和芯砂含 SiO_2 少，耐火性差 5. 金属液中的氧化物和低熔点化合物与型砂发生反应
4	渣眼：在铸件内部和表面有形状不规则的孔眼。孔眼不光滑，里面全部或部分充塞着渣	1. 浇注时，金属液挡渣不良，熔渣随金属液一起注入型腔 2. 浇注温度过低，熔渣不易上浮 3. 金属液含有大量硫化物、氧化物和气体，浇注后在铸件内形成渣气孔

（续）

序号	缺陷名称和特征	产生的原因
5	砂眼：在铸件内部或表面有充塞着型砂和孔眼	1. 型腔表面上的浮砂在合模前未吹扫干净 2. 在造型、下芯、合模过程中操作不当，使砂型和芯型受到损坏 3. 浇注系统设计不合理或浇注操作不当，金属液冲坏砂型和芯型 4. 砂型和芯型强度不够，涂料不良，浇注时型砂被金属液冲垮或卷入，涂层脱落
6	夹砂结疤：在铸件表面上，有金属夹杂物或片状、瘤状物，表面粗糙，边缘锐利。在金属瘤片和铸件之间夹有型砂 金属凸起　砂壳　　金属疤　铸件正常表面 夹砂　　　　　结疤	1. 在金属液热作用下，型腔上表面和下表面膨胀鼓起开裂 2. 型砂湿强度低，水分过多，透气性差 3. 浇注温度过高，浇注时间过长 4. 浇注系统不合理，使局部砂型烘烤严重 5. 型砂膨胀率大，退让性差
7	冷裂：在铸件凝固后冷却过程中因铸造应力大于金属强度而产生的穿透或不穿透性裂纹。裂纹呈直线或折线状，开裂处有金属光泽	1. 铸件结构设计不合理，壁厚相差太大 2. 浇冒口设置不当，铸件各部分冷却速度差别过大 3. 熔炼时金属液有害杂质成分超标，铸造合金抗拉强度低 4. 浇注温度太高，铸件开箱过早，冷却速度过快
8	热裂：在铸件凝固末期或凝固后不久，因铸件固态收缩受阻而引起的穿透或不穿透性裂纹。裂纹呈曲线状，开裂处金属表皮氧化	1. 铸件壁厚相差悬殊，连接处过渡圆角太小，阻碍铸件正常收缩 2. 浇道冒口设置位置和大小不合理，限制铸件正常收缩 3. 型砂和芯砂粘土含量太多，型、芯强度太高，退让性差 4. 铸造合金中硫、磷等杂质成分含量超标 5. 铸件开箱、落砂过早，冷却过快
9	冷隔：是铸件上穿透或不穿透的缝隙，其交接边缘是圆滑的，是充型时金属液流汇合时熔合不良造成的	1. 浇注温度太低，铸造合金流动性差 2. 浇渡速度过低或浇注中断 3. 铸件壁厚太小，薄壁部位处于铸型顶部或距内浇道太远 4. 浇道截面积太小，直浇道高度不够，内浇道数量少或开设位置不当 5. 铸型透气性差

（续）

序号	缺陷名称和特征	产生的原因
10	浇不足：由于金属液末完全充满型腔而产生的铸件残缺、轮廓不完整或边角圆钝。常出现在型腔表面或远离浇道的部位 铸件 型腔面	1. 浇注温度太低，浇注速度过慢或浇注过程中断流 2. 浇注系统设计不合理，直浇道高度不够，内浇道数量少或截面积小 3. 铸件壁厚太小 4. 金属液氧化严重，非金属氧化物含量大，黏度大、流动性差 5. 型砂和芯砂发气量大，型、芯排气口少或排气通道堵塞
11	错箱：铸件的一部分与另一部分在分型面上错开，发生相对位移	1. 砂箱合型时错位，定位销未起作用或定位标记未对准 2. 分模的上、下半模样装备错位或配合松动 3. 合型后砂型受碰撞，造成上、下型错位
12	偏芯：在金属液充型力的作用下，芯型位置发生了变化，使铸件内孔位置偏错、铸件形状和尺寸与图样不符 上 下	1. 砂芯下偏 2. 起模不慎，使芯座尺寸发生变化 3. 芯头截面积太小，支撑面不够大，芯座处型砂紧实度低。芯砂强度低 4. 浇注系统设计不当，充型时金属静压力过大或金属流流速大直冲砂芯 5. 浇注温度、浇注速度过高，使金属液对砂芯热作用或冲击作用过于强烈

2.5　安全技术规范

1. 造型

（1）紧砂时，不得将手放在砂箱上。

（2）造型时，不得用嘴吹分型砂。

（3）平锤应横放于地面，不可直立放置。

（4）每人所用的工具应自觉妥善保管，不得随意乱摆乱放。

（5）在造型车间行走时，应注意身边物件，以免碰坏砂型或被铸件及砂箱。

（6）实习人员不得随意开动任何设备，不得随意搬动砂箱。

2. 开炉与浇注

（1）在熔炉及造型场所观察开炉浇注时，应站在规定的安全区域，不得站在浇注的往复通道上，若遇火星或铁水飞溅时，应保持镇静。

（2）观察熔炉风口时，必须佩戴好保护面罩。

（3）不得与抬铁水包者交谈或并排行走。

（4）所有熔炉操作、出接铁水、抬铁水包、浇注等作业，未经指导师傅许可，实习人员一律不得自行操作。

（5）不准用冷工具(如铁棒、木条等)敲打剩余铁水，以免铁水爆溅伤人。

（6）刚浇注完铁水的铸型，未经许可不得触动，以免损坏和烫伤。

第 **3** 章
锻造及冲压

3.1 概　　述

1. 锻压概念

锻压是在外力作用下使金属材料产生塑性变形，从而获得具有一定形状和尺寸的毛坯或零件的加工方法。它是机械制造中的重要加工方法，包括锻造和冲压。其中锻造又可分为自由锻造和模型锻造，自由锻包括手工锻和机器锻。

锻压的材料应具有良好的塑性，以便锻压时产生较大的塑性变形而不破坏。常用金属材料中，铸铁无论是在常温或加热状态下，其塑性都很差，不能锻压。低中碳钢、铝、铜等有良好的塑性，可以锻压。

在实际生产中，不同成分的钢材应分别存放，以防用错。在锻压车间里，常用火花鉴别法来确定钢的大致成分。

锻造生产的工艺过程为：下料—加热—锻造—热处理—检验。

在锻造中、小型锻件时，常以经过轧制的型钢（圆钢或方钢）为原材料，下料采用锯床、剪床或其他切割方法将原材料切割成所需的长度，送至加热炉中加热，待加热到一定的温度后，通过锻锤或压力机进行锻造成形。塑性好、尺寸小的锻件，锻后可堆放在干燥的地面冷却（空冷、堆冷）；塑性差、尺寸大的锻件，应放在灰砂或一定温度的炉子中缓慢冷却（砂灰冷、随炉冷），以防发生变形或裂纹。多数锻件锻后需进行退火或正火热处理，以消除其内应力和改善组织。热处理后的锻件，有的需进行清理，去除表面油垢及氧化皮，以便检查表面缺陷。锻件毛坯经质量检查合格后方可进行机械加工。

冲压多以板材为原材料，经下料冲压制成所需的冲压件。冲压包括冲裁、拉伸、弯曲、成形和胀形等，属于金属板料成形，利用冲模使金属或非金属板料产生分离或变形的压力加工方法，通常在常温下进行。冲压件具有强度高、刚性大、结构轻等优点。在汽车、拖拉机、航空、仪表以及日用品等工业的生产中占有极为重要的地位。

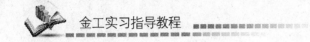

2. 锻造对工件力学性能的影响

经过锻造加工后的工件，其内部原有的缺陷（如裂纹，疏松等）在外力的作用下可被压合，且可以细化晶粒，组织致密性、力学性能（尤其是抗拉强度和冲击韧度）较同类材料的铸件大大提高。一般重要零件（特别是承受重载和冲击载荷）的毛坯，通常采用锻造。零件工作时应使其所承受的正应力与流线的方向一致，切应力的方向与流线方向垂直。如图 3.1 所示，(a)为采用棒料直接车制螺栓，因其头部和杆部的纤维被切断就会造成纤维组织不连贯，承载能力下降。(b)采用局部镦粗法制造螺栓头，其纤维未被切断，承载性能良好。

有些零件为保证纤维方向与承载方向一致，应采用保持纤维向连续性的变形加工工艺如图 3.2 所示，使锻造流线的分布与其外形轮廓相同，如吊钩、钻头等，可显著提高其力学性能，延长使用寿命。

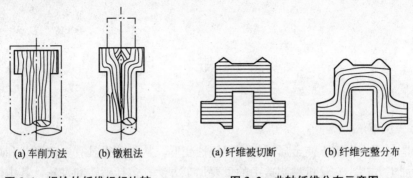

| (a) 车削方法 | (b) 镦粗法 | (a) 纤维被切断 | (b) 纤维完整分布 |

图 3.1　螺栓的纤维组织比较　　　　**图 3.2　曲轴纤维分布示意图**

3.2　锻件的加热与冷却

1. 锻件加热

加热的目的是提高材料的塑性和降低其变形抗力，即提高可锻性。除少数具有良好塑性的材料可在常温下锻造成形外，大多数材料在常温下的可锻性较差、锻造困难或不能锻造。只有加热到一定温度后，才可提高可锻性，使其发生的塑性变形，称之为热锻。

加热是锻造工艺过程中的重要环节，它直接影响着锻件的质量。加热温度过高，会使锻件产生加热缺陷（过烧、过热），甚至造成废品。因此，为了保证金属在变形时具有良好的塑性，又不会产生加热缺陷，加热温度必须合理地控制在一定的范围内。材料成分不同，加热的温度不同，锻造时允许的最高加热温度称为始锻温度；终止锻造的温度称为终锻温度。

1) 加热设备

按所用能源和形式不同，锻造炉有多种分类，常用的是以烟煤为燃料的燃烧炉，如图 3.3 所示，它由炉膛、炉罩、烟筒、风门和风管等组成。它结构简单，操作容易，但生产率低，加热质量不高，在小件生产和维修工作中应用较多。

燃烧炉点燃步骤如下：关闭风门，合闸开动鼓风机，将炉膛内引燃物（碎木或油棉纱）点燃；逐渐打开风门，向火苗四周加干煤；待烟煤点燃后覆以湿煤并加大风量，待煤烧旺后，即可放入坯料进行加热。

常用的加热设备具体如下：

（1）反射炉。它是以煤为燃料的火焰加热炉，其结构如图 3.4 所示。燃烧室中产生的高温炉气越过火墙进入加热室（炉膛）加热坯料，废气经烟道排出，坯料从炉门装取。反射炉的点燃步骤如下：先小开风门，依次引燃木材、煤焦和新煤后，再加大风门。

（2）油炉和煤气炉。它们分别以重油和煤气为燃料，结构基本相同，仅喷嘴有异。油炉和煤气炉的结构形式很多，有室式炉、开隙式炉、推杆式连续炉和转底炉等。图 3.5 所示为室式重油加热炉示意图，由炉膛、喷嘴、炉门和烟道组成。其燃烧室和加热室合为一体，即炉膛。坯料码放在炉底板上。喷嘴布置在炉膛两侧，燃油和压缩空气分别进入喷嘴。压缩空气由喷嘴喷出时，将燃油带出并喷成雾状，与空气均匀混合并燃烧以加热坯料。用调节喷油量及压缩空气的方法来控制炉温的变化。

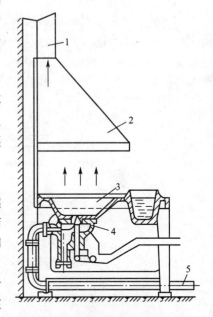

图 3.3　煤燃烧炉结构示意图
1—烟筒；2—炉罩；3—炉膛；
4—风门；5—风管

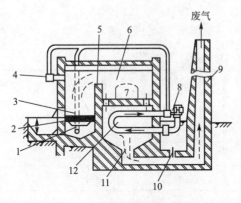

图 3.4　反射炉结构示意图

1—一次送风管道；2—水平炉箅；3—燃烧室；4—二次送风管道；
5—火墙；6—加热室（炉膛）；7—装出炉料门；8—鼓风机；
9—烟囱；10—烟闸；11—烟道；12—换热器

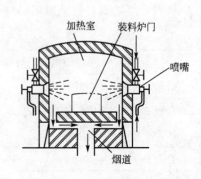

图 3.5　室式重油炉示意图

（3）电阻炉。它是利用电流通过布置在炉膛围壁上的电热元件产生的电阻热为热源，经辐射和对流对坯料进行加热。炉子通常做成箱形，分为中温箱式电阻炉和高温箱式电阻炉。中温箱式电阻炉如图 3.6 所示，以电阻丝为电热元件，通常做成丝状或带状，放在炉内的砖槽中或搁板上，最高使用温度为 1000℃；高温电阻炉通常以硅碳棒为电热元件，最高使用温度为 1350℃。箱式电阻炉结构简单，体积小，操作简便，炉温均匀并易于调节，在小批量生产或科研试验中广泛采用。

(4)电接触加热装置。

如图 3.7 所示,在两端触头施以一定的夹紧力将坯料的两端夹紧,并接通工频电流,由于坯料本身的电阻,产生电阻热将其加热。电接触加热采用直接在加热的坯料上将电能转换成热能,其具有设备结构简单、热效率高(75%~85%)等优点,特别适于细长棒料加热和棒料局部加热。但它要求被加热的坯料表面光洁,下料规则,端面平整。

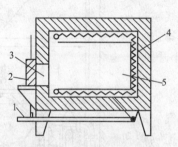 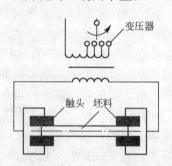

图 3.6　箱式电阻炉示意图　　　　图 3.7　接触电加热原理

1—踏杆(控制炉门升降);2—炉门;

3—装料、出料炉口;4—电热体;5—加热室

2)锻造温度范围

坯料开始锻造的温度(始锻温度)和终止锻造的温度(终锻温度)之间的温度间隔,称为锻造温度范围,见表 3-1。在保证不发生加热缺陷的前提下,始锻温度应高一些,以便有较充裕的时间锻造成形,减少加热次数。在保证坯料有足够塑性的前提下,终锻温度应低一些,以便使其内部组织细密、力学性能良好,同时也可延长锻造时间,减少加热火次。但终锻温度过低会使金属难以继续变形,易出现锻裂和损伤设备。

表 3-1　常用钢材的锻造温度范围

材料种类	始锻温度	终锻温度	材料种类	始锻温度	终锻温度
碳素结构钢	1200~1250	800	高速工具钢	1100~1150	900
合金结构钢	1150~1200	800~850	耐热钢	1100~1150	800~850
碳素工具钢	1050~1150	750~800	弹簧钢	1100~1150	800~850
合金工具钢	1050~1150	800~850	轴承钢	1080	800

3)锻造温度的控制方法

(1)温度计法。通过加热炉上的热电偶温度计显示的炉内温度,可掌握锻件的温度;也可使用光学高温计观测锻件温度。

(2)目测法。在单件小批生产的条件下,可根据坯料的颜色和明亮度不同来判别温度,即火色鉴别法,见表 3-2。

表 3-2　碳钢温度与火色的关系

火色	黄白	淡黄	黄	淡红	樱红	暗红	赤褐
温度/℃	1300	1200	1100	900	800	700	600

4) 碳钢常见的加热缺陷

由于加热不当，碳钢在加热时可能会出现各种缺陷，常见的加热缺陷见表3-3。

表3-3　碳钢常见的加热缺陷

名称	实质	危害	防止(减少)措施
氧化	坯料表面铁元素氧化	烧损材料；降低锻件精度和表面质量；减少模具寿命	在高温区减少加热时间；采用控制炉气成分的少无氧化加热或电加热等
脱碳	坯料表面碳分氧化	降低锻件表面硬度，表层易产生龟裂	
过热	加热温度过高，停留时间长，造成晶粒大	锻件力学性能降低，须再经过锻造或热处理才能改善	控制加热温度，减少高温加热时间
过烧	加热温度接近材料熔化温度，造成晶粒界面杂质氧化	坯料一锻即碎，只得报废	
裂纹	坯料内外温差太大，组织变化不匀造成材料内应力过大	坯料产生内部裂纹，报废	某些高碳或大型坯料，开始加热时应缓慢升温

2. 锻件冷却

锻件冷却是保证锻件质量的重要工序。通常锻件的碳及合金元素含量越高，体积越大，形状越复杂，冷却速度就越缓慢，否则会造成表面过硬不易切削加工、变形甚至开裂等缺陷。常用的冷却方法有三种，见表3-4。

表3-4　锻件常用的冷却方式

方式	特点	适用场合
空冷	放置空气中散放，冷速快，晶粒细化	低碳、低合金的小件或锻后不切削加工
坑冷(堆冷)	放置干沙坑内或箱内堆在一起，冷速稍慢	一般锻件，锻后可直接切削
炉冷	放置原加热炉中，随炉冷却，冷速极慢	含碳或含合金成分较高的中、大件，锻后可切削

(1) 空冷。锻件经锻造后，放置在无风的空气中，干燥的地面上冷却。它常用于低、中碳钢和合金结构钢的小型锻件。

(2) 坑冷。锻件经锻造后，放置在石灰、砂子或炉灰的坑中冷却。它常用于合金工具钢锻件，而碳素工具钢锻件应先空冷至650~700℃，然后再坑冷。

(3) 炉冷。锻后放入500~700℃的加热炉中缓慢冷却。常用于高合金钢及大型锻件。

3. 锻件的热处理

在机械加工前，锻件需进行热处理，目的是均匀组织，细化晶粒，减少锻造残余应力，调整硬度，改善机械加工性能，为最终热处理做准备。常用的热处理方法有正火、退火、球化退火等。可根据锻件材料的种类和化学成分来选择。

3.3 自由锻造

自由锻造是利用冲击力或压力使金属在上下砧面间各方向自由变形，不受任何限制而获得所需形状及尺寸和一定机械性能的锻件的一种加工方法，简称自由锻。自由锻造分手工自由锻和机器自由锻两种。

1. 自由锻的特点

(1) 应用设备和工具具有通用性，工具简单，只能锻造形状简单的锻件，操作强度大，生产率低。

(2) 可锻出重量从小于1kg至200～300t的锻件。大型锻件，自由锻是唯一的加工方法，因此自由锻在重型机械制造中占有重要地位。

(3) 依靠操作者控制其形状和尺寸，锻件精度低，表面质量差，金属消耗也较多。

自由锻主要用于品种多，产量不大的单件小批量生产，也可用于模锻前的制坯工序。无论是手工自由锻、锤上自由锻，还是水压机自由锻，其工艺过程都是由一系列锻造工序组成的。根据锻件变形的性质和程度不同，自由锤工序可分为：基本工序，如镦粗、拔长、冲孔、扩孔、芯轴拔长、切割、弯曲、扭转、错移、锻接等，其中镦粗、拔长和冲孔三个工序应用得最多；辅助工序，如切肩、压痕等；精整工序，如平整、整形等三类。

2. 自由锻设备及工具

1) 自由锻设备

常用的机器自由锻设备有空气锤、蒸气-空气锤和水压机，其中空气锤使用灵活，操作方便，是生产小型锻件最常用的自由锻设备。

(1) 空气锤的结构原理。空气锤是由锤身(单柱式)、双缸(压缩缸和工作缸)、传动机构、操纵机构、落下部分和锤砧等几个部分组成，如图3.8(a)所示。空气锤是将电能转化为压缩空气的压力能来产生打击力的。空气锤的传动由电动机经过一级皮带轮减速，通过曲轴连杆机构，使活塞在压缩缸内作往复运动产生压缩空气，进入工作缸使锤杆作上下运动以完成各项工作。空气锤的工作原理如图3.8(b)所示。

空气锤的型号如下(用汉语拼音字母和数字表示)：

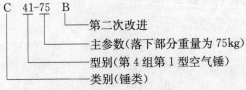

空气锤的规格是用落下部分的质量来表示，一般为50～1000kg。

(2) 蒸汽-空气锤。如图3.9所示，蒸汽-空气锤靠锤的冲击力来锻打工件。蒸汽-空气锤自身没有装备动力装置，另需蒸汽锅炉向其提供一定压力的蒸汽，或空气压缩机向其提供一定压力的压缩空气。其锻造能力明显大于空气锤，一般为500～5000kg(0.5～5t)，常用于中型锻件的锻造。

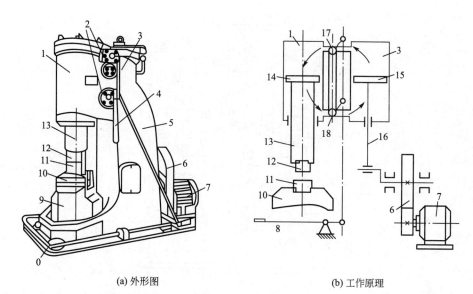

(a) 外形图　　　　　　　　　　　　(b) 工作原理

图 3.8　空气锤

1—工作缸；2—旋阀；3—压缩缸；4—手柄；5—锤身；6—减速机构；
7—电动机；8—脚踏杆；9—砧座；10—砧垫；11—下砧块；12—上砧块；
13—锤杆；14—工作活塞；15—压缩活塞；16—连杆；17—上旋阀；18—下旋阀

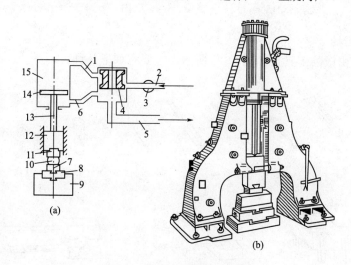

图 3.9　双柱拱式蒸汽-空气锤

1—上气道；2—进气道；3—节气阀；4—滑阀；5—排气管；6—下气道；7—下砧
8—砧垫；9—砧座；10—坯料；11—上砧；12—锤头；13—锤杆；14—活塞；15—工作缸

(3)水压机。大型锻件需要在液压机上锻造，水压机是最常用的一种，如图 3.10 所示。它不依赖冲击力，而采用静压力来使坯料变形，其工作平稳，振动小。不需笨重砧座；锻件变形速度低，变形均匀，易锻透，全截面晶粒组织细密，从而改善和提高锻件的力学性能，易获得大工作行程并能在行程的任何位置进行锻压，劳动条件较好。但水压机主体庞大，需配备供水和操纵系统，造价较高。其工作压力大，规格为 500～12500t，能锻造 1～300t 的大型坯料。

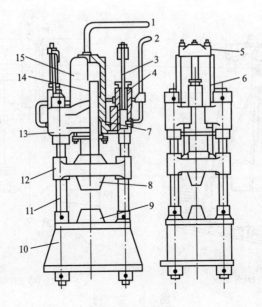

图 3.10　水压机

1、2—管道；3—回程柱塞；4—回程缸；5—回程横梁；6—拉杆；
7—密封圈；8—上砧；9—下砧；10—下横梁；11—立柱；
12—活动横梁；13—上横梁；14—工作柱塞；15—工作缸

2）自由锻工具

（1）机器自由锻的工具，如图 3.11 所示，主要有如下几种。

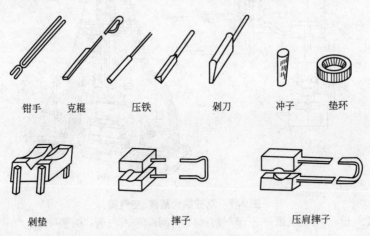

图 3.11　机锻工具

① 夹持工具：如圆钳、方钳，槽钳、抱钳、尖嘴钳、专用型钳等。

② 切割工具：剁刀、剁垫、克棍等。

③ 变形工具：如压铁、摔子、压肩摔子、冲子、垫环等。

④ 测量工具：如钢直尺、内外卡钳等。

⑤ 吊运工具：如吊钳、叉子等。

（2）手工自由锻工具，如图 3.12 所示，主要有如下几种。

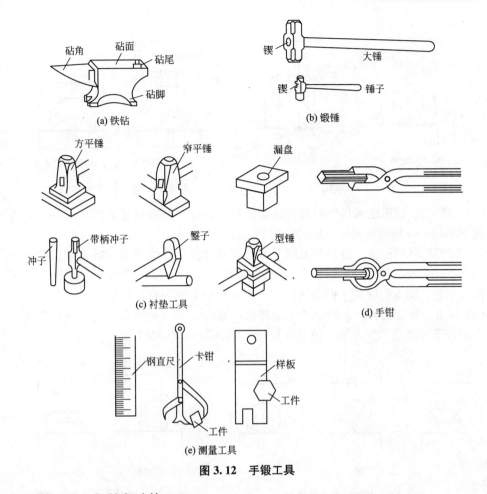

(a) 铁钻

(b) 锻锤

(c) 衬垫工具

(d) 手钳

(e) 测量工具

图 3.12 手锻工具

① 支持工具：如羊角砧等。
② 锻打工具：如各种大锤和手锤。
③ 成形工具：如各种型锤、冲子等。
④ 夹持工具：如各种形状的钳子。
⑤ 切割工具：如各种錾子及切刀。
⑥ 测量工具：如钢直尺、内外卡钳等。

3. 自由锻的基本工序

1）镦粗

它是使坯料的截面增大、高度减小的锻造工序。有完全镦粗、局部镦粗和垫环镦粗等方式，如图 3.13 所示。局部镦粗按其镦粗的位置不同又可分为端部镦粗和中间镦粗，主要用来锻造圆盘类（如齿轮坯）及法兰等锻件，在锻造空心锻件时，可作为冲孔前的预备工序，也可作为提高锻造比的预备工序。

镦粗的一般规则、操作方法及注意事项如下。

（1）被镦粗坯料的高度与直径（或边长）之比应小于 2.5～3，否则会镦弯，如图 3.14(a) 所示。镦弯后应将其放平，轻轻锤击进行矫正，如图 3.14(b) 所示。局部镦粗时，镦粗部分坯料的高度与直径之比也应小于 2.5～3。

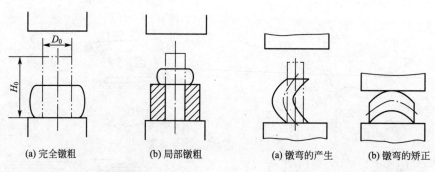

| (a) 完全镦粗 | (b) 局部镦粗 | (a) 镦弯的产生 | (b) 镦弯的矫正 |

图 3.13　镦粗　　　　　　　　　　　**图 3.14　镦弯的产生和矫正**

（2）镦粗的始锻温度采用坯料允许的最高始锻温度，并应烧透。加热应均匀，否则会造成变形不均，对某些材料还可能出现锻裂。

（3）镦粗的两端面要平整且与轴线垂直，否则可能会产生镦歪。矫正镦歪的方法是将坯料斜立，轻打镦歪斜角，然后放正再锻打，如图 3.15 所示。若锤头或砧铁的工作面因磨损而不平直，则锻打时须不断旋转坯料，以便使变形均匀且不镦歪。

（4）锤击力量应足够，否则会产生细腰形，如图 3.16（a）所示。若不及时纠正，继续锻打下去，则可能会产生夹层，使工件报废，如图 3.16（b）所示。

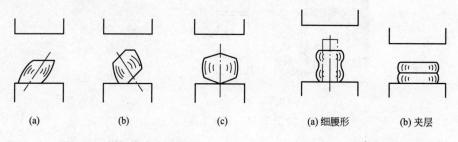

| (a) | (b) | (c) | (a) 细腰形 | (b) 夹层 |

图 3.15　镦歪的产生和矫正　　　　　　**图 3.16　细腰形及夹层的产生**

2）拔长

拔长是使坯料长度增加、横截面减少的锻造工序，又称延伸或引伸，如图 3.17 所示。其用于锻制长而截面小的工件，如轴类、杆类和长筒形零件。

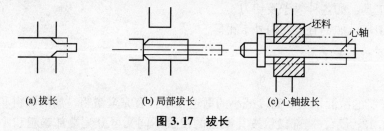

| (a) 拔长 | (b) 局部拔长 | (c) 心轴拔长 |

图 3.17　拔长

拔长的一般规则，操作方法及注意事项如下。

（1）拔长过程中要将坯料不断反复地翻转 90°，并沿轴向送进，如图 3.18(a)所示。螺旋式翻转拔长如图 3.18(b)所示，是将毛坯沿一个方向作 90°翻转，并沿轴向送进的操作。单面顺序拔长如图 3.18(c)所示，是将毛坯沿整个长度方向锻打一遍后，再翻转 90°，依次沿轴向送进操作，用这种方法拔长时，应注意工件的宽度和厚度之比不得大于 2.5，否则再次翻转继续拔长时容易产生折叠。

<table>
<tr><td>(a) 反复翻转拔长</td><td>(b) 螺旋式翻转拔长</td><td>(c) 单面顺序拔长</td></tr>
</table>

图 3.18　拔长时锻件的翻转方法

（2）拔长时，坯料应沿砧铁宽度方向送进，每次送进量应为砧铁宽度的 0.3～0.7 倍，如图 3.19（a）所示。若送进量太大，金属沿宽度方向流动，会降低延伸效率，如图 3.19（b）所示。若送进量太小，易产生夹层，如图 3.19（c）所示。每次压下量也不要太大，压下量应等于或小于送进量，否则易产生夹层。

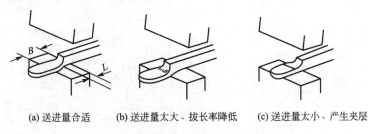

(a) 送进量合适　　(b) 送进量太大、拔长率降低　　(c) 送进量太小、产生夹层

图 3.19　拔长时的送进方向和进给量

（3）当用大直径坯料拔长成小直径锻件时，应先将坯料锻成正方体，再拔长。当接近锻件直径时，再倒棱，滚打成圆，可提高锻造效率，质量好，如图 3.20 所示。

（4）当锻造台阶轴或带台阶的方形、矩形截面的锻件时，拔长前应先压肩。压肩后对一端进行局部拔长即可，如图 3.21 所示。

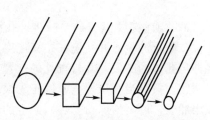

图 3.20　大直径坯料拔长时的变形过程

（5）锻件拔长后须进行修整，当修整方形或矩形锻件时，应沿下砧铁长度方向送进，如图 3.22（a）所示，以增加工件与砧铁接触长度。拔长中若产生翘曲应及时翻转 180°轻打校平。圆形截面应用型锤或摔子修整，如图 3.22（b）所示。

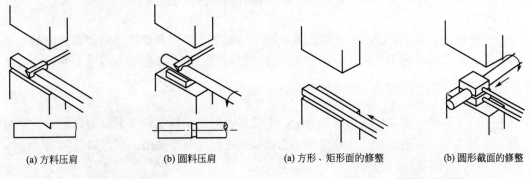

<table>
<tr><td>(a) 方料压肩</td><td>(b) 圆料压肩</td><td>(a) 方形、矩形面的修整</td><td>(b) 圆形截面的修整</td></tr>
</table>

图 3.21　压肩　　　　　　　　　　**图 3.22　拔长后的修整**

3）冲孔

它是用冲子将坯料冲出通孔或不通孔的锻造工序。一般规定：锤的落下部分重量在 0.15～5t 之间，最小冲孔直径应为 $\phi30～\phi100mm$；孔径小于 100mm，且孔深大于 300mm 的孔冲不出；孔径小于 150mm，且孔深大于 500mm 的孔也冲不出。根据冲孔所用的冲子形状不同，冲孔分实心冲子冲孔和空心冲子冲孔。其中实心冲子冲孔又可分为单面冲孔和双面冲孔。

（1）单面冲孔。对于较薄工件，即工件高度与冲孔孔径之比小于 0.125 时，可采用单面冲孔，如图 3.23 所示。在冲孔时，应将工件放于漏盘上，冲子大头朝下，漏盘孔径和冲子的直径应留有一定间隙，冲孔时应仔细校正，冲孔后稍加平整。

（2）双面冲孔。其操作过程为：镦粗；试冲（找正中心冲孔痕）；撒煤粉；冲孔，即冲孔至锻件厚度的 2/3～3/4；翻转 180°找正中心；冲除连皮（图 3.24）；修整内孔；修整外圆。

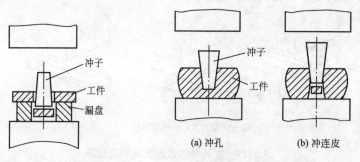

图 3.23 单面冲孔   图 3.24 双面冲孔

（a）冲孔   （b）冲连皮

冲孔前镦粗，其目的是减少冲孔深度、平整端面。由于冲孔局部变形量很大，为提高塑性，防止冲裂，冲孔应在始锻温度下进行。试冲的目的是为保证孔的位置，即先用冲子轻冲出孔位的凹痕，并检查孔的位置，若有偏差，可将冲子放在正确位置上再试冲，来加以纠正。只有当孔位检查或修正无误后，才向凹痕内撒少许煤粉或焦炭粒，其作用是便于拔出冲子，可利用煤粉受热后产生的气体膨胀力将冲子顶出，但要特别注意安全，防止冲子和气体冲出伤人，对大型锻件不须放入煤粉，当冲子冲入坯料后，应立即带着冲子滚外圆，直至冲子松动脱出。冲子拔出后可继续冲深，此时应注意保持冲子与砧面垂直，防止冲歪，当冲到一定深度后，取出冲子，翻转锻件，再从反面将孔冲透。

（3）空心冲子冲孔。当冲孔直径超过 400mm 时，多采用空心冲子冲孔。对于重要锻件，将其有缺陷的中心部分冲掉，有利于改善锻件的机械性能。

4）扩孔

它是将空心坯料壁厚减薄，而内、外径增大的锻造工序。其实质是沿圆周方向的变相拔长。扩孔的方法有冲头扩孔、马杠扩孔和劈缝扩孔等。扩孔适用于锻造空心圈和空心环锻件。

5）错移

它是将毛坯的一部分相对另一部分上、下错开，但仍保持这两部分轴心线平行的锻造工序，错移常用来锻造曲轴。在错移前，毛坯须先进行压肩等辅助工序，如图 3.25 所示。

6）切割

它是将坯料分离的工序，如切去料头、下料和切割成一定形状等。当采用手工切割小

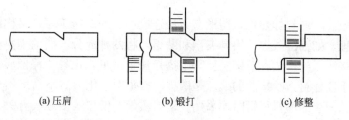

(a) 压肩　　　　　(b) 锻打　　　　　(c) 修整

图 3.25　错移

毛坯时，须将工件放于砧面上，錾子垂直于工件轴线，边錾边旋转工件，当快切断时，应将切口稍移至砧边处，轻轻将工件切断。大截面毛坯均采用锻锤或压力机来切断，切割方截面的锻件应先将剁刀垂直切入，至快分离时，将工件翻转 180°，再用剁刀或克棍来截断，如图 3.26(a)所示。切割圆截面锻件应将锻件放于带圆凹槽的剁垫上，边切边旋转锻件，如图 3.26(b)所示。

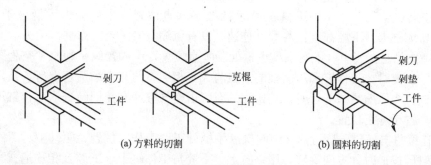

(a) 方料的切割　　　　　　　　(b) 圆料的切割

图 3.26　切割

7) 弯曲

它是使坯料弯成一定角度或形状的锻造工序。常用于锻造吊钩、链环、弯板等。弯曲时锻件加热部分最好只限于被弯曲段，加热须均匀。当采用空气锤进行弯曲时，坯料应夹于上、下砧铁间，使欲弯曲部分露出，可用手锤或大锤将坯料打弯，如图 3.27(a)所示。或借助于成形垫铁、成形压铁等辅助工具使其产生成型弯曲，如图 3.27(b)所示。

8) 扭转

扭转是将毛坯一部分相对于另一部分绕其轴心线旋转一定角度的锻造工序，如图 3.28 所示。多拐曲轴、连杆、麻花钻等锻件和校直锻件常用其工序。扭转前，应先将整个坯料在同一平面内锻造成形，并应保证其需扭曲部分表面光滑。扭转时，因变形剧烈，应将被扭部分加热到始锻温度，且均匀热透。扭转后，须缓慢冷却，以防出现扭裂。

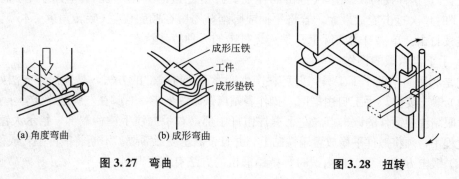

(a) 角度弯曲　　　　　(b) 成形弯曲

图 3.27　弯曲　　　　　　　　图 3.28　扭转

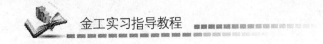

9）锻接

它是将两段或几段坯料加热后，用锻造方法连成一体的锻造工序，又称锻焊。它主要用于小件生产或修理，如锚链锻焊；刃具夹钢和贴钢，将两种成分不同的钢料锻焊为一体。典型锻接方法有搭接法、咬接法和对接法。其中搭接法最常见，也易于保证质量；交错搭接操作较困难，常用于扁坯料；咬接法的缺点是锻接时接头中氧化溶渣不易挤出；对接法的锻接质量最差，只在被锻接的坯料很短时才采用。锻接质量不仅与锻接方法有关，还与锻件的化学成分和加热温度有关，低碳钢易于锻接，而中、高碳钢则锻接困难，合金钢更难。

4. 自由锻的操作方法

1）机器自由锻的操作

使用机器设备，使坯料在设备上、下两砧之间受力变形，从而获得锻件的方法称机器自由锻。在接通电源后，就可启动空气锤，通过手柄或脚踏杆来操纵上、下旋阀，使空气锤实现空转、锤头悬空、连续打击、压锤和单次打击五种动作，以适应各种加工需要。

（1）空转（空行程）。上、下阀操纵手柄处于垂直位置，中阀操纵手柄位于"空程"处；此时压缩缸上、下腔都直接与大气连通，没有压缩空气进入工作缸，锤头不工作。

（2）锤头悬空。当上、下阀操纵手柄处于垂直位置，中阀操纵手柄由"空程"位置转至"工作"位置时，工作缸和压缩缸的上腔与大气相通。此时压缩活塞上行，被压缩的空气进入大气；当压缩活塞下行时，被压缩的空气由空气室冲开止回阀进入工作缸下腔，使锤头上升，置于悬空位置。

（3）连续打击（轻打或重打）。中阀操纵手柄处于"工作"位置，驱动上、下阀操纵手柄（或脚踏杆）按逆时针方向旋转，压缩缸上、下腔与工作缸上、下腔互相连通。当压缩活塞向下或向上运动时，压缩缸下腔或上腔的压缩空气相应地进入工作缸的下腔或上腔，实现锤头提升或落下。如此循环，确保锤头连续打击。打击能量的大小取决于上、下阀旋转角度的大小，旋转角度越大，打击能量越大。

（4）压锤（压紧锻件）。当中阀操纵手柄处于"工作"位置，将上、下阀操纵手柄由垂直位置按顺时针方向旋转45°，此时工作缸下腔及压缩缸上腔与大气相连通。当压缩活塞下行时，压缩缸下腔的压缩空气由下阀进入空气室，并冲开止回阀经侧旁气道进入工作缸上腔，实现锤头压紧锻件。

（5）单次打击。它是通过变换操纵手柄的操作位置来实现的。单次打击开始前，锤处于锤头悬空位置（即中阀操纵手柄处于"工作"位置），然后将上、下阀的操纵手柄由垂直位置迅速地按逆时针方向旋转至某一位置，再迅速地转回原来垂直位置（或相应地改变脚踏杆位置），这样便可实现单次打击的作业。打击能量的大小随旋转角度的大小而变化，转至45°时单次打击能量最大。若将手柄或脚踏杆停留在倾斜位置（旋转角度≤45°），则锤头作连续打击。单次打击实际上只是连续打击的一种特殊状态。

2）手工自由锻的操作

它是利用简单的手工工具，使坯料产生变形而获得锻件的方法，具体操作方法如下：

（1）锻击姿势。手工自由锻时，操作者站离铁砧约半步，右脚在左脚后半步，上身稍向前倾，眼睛注视锻件的锻击点。左手握住钳杆中部，右手握住手锤柄端部，指示大锤锤击。锻击过程中，须将锻件平稳放置于铁砧上，并且按锻击变形需要，不断将锻件翻转或移动。

（2）锻击方法。手工自由锻时，持锤锻击的方法有如下几种。

① 手挥法，主要靠手腕的运动来挥锤锻击，锻击力较小，用于控制大锤的打击点和打击轻重。

② 肘挥法，手腕与肘部同时作用、同时用力，锤击力度较大。

③ 臂挥法，手腕、肘和臂部一起运动，作用力较大，可使锻件产生较大的变形量。但费力甚大。

(3) 锻造过程严格注意做到"六不打"：

① 低于终锻温度不打。

② 锻件放置不平不打。

③ 冲子不垂直不打。

④ 剁刀、冲子、铁砧等工具上有油污不打。

⑤ 镦粗时工件弯曲不打。

⑥ 工具、料头易飞出的方向有人时不打。

3.4 模型锻造

1. 模锻

将加热后的坯料放于锻模的模腔内，经锻打，使其在模腔的限制下产生塑性变形，从而获得锻件的锻造方法称之为模型锻造，简称模锻，如图 3.29 所示。模锻生产率高，可锻出形状复杂、尺寸准确的锻件，适宜在大批量生产条件下，锻造形状复杂的中、小型锻件。目前常用的模锻设备有蒸汽-空气模锻锤、摩擦压力机等。蒸汽-空气模锻锤的规格也以落下部分的重量来表示，常用的为 1~10t。

2. 胎模锻

胎模锻是在自由锻设备上使用简单模具(称为胎模)来生产锻件的方法。胎模结构形式较多，如图 3.30 所示为其中一种，它由上、下模组成，其上的空腔称为模腔，用导销和

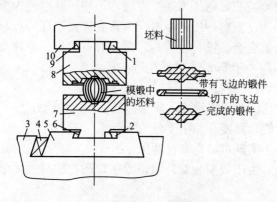

图 3.29　模锻工作示意图

1—上模用键；2—下模用键；3—砧座；4—模座用楔；
5—模座；6—下模用楔；7—下楔；8—上模；
9—上模用楔；10—锤头

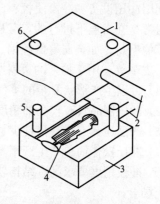

图 3.30　胎模

1—上模；2—手柄；3—下模；
4—模腔；5—导销；6—销孔

销孔来保证上、下模膛对正,手柄可供模具搬动用。胎模锻的模具制造简便,在自由锻锤上即可进行锻造,不需模锻锤。成批生产时,与自由锻相比,锻件质量好,生产效率高,能锻造形状较复杂的锻件,在中小批生产中应用广泛。但劳动强度大,只适于小型锻件。

胎模锻造所用胎模不固定在锤头或砧座上,按加工过程需要,可随时放在上下砧铁上。锻造时,先把下模放在下砧铁上,再把加热的坯料放于模膛内,然后合上上模,用锻锤锻打上模背部。待上、下模接触,坯料便在模膛内锻成锻件。胎模锻时,锻件上孔不能冲通,应留有连皮;锻件周围存留一层金属称为毛边。胎模锻后须进行冲孔和切边,以去除连皮和毛边。其过程如图 3.31 所示。

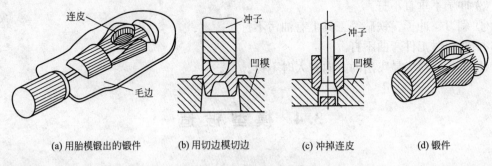

(a) 用胎模锻出的锻件   (b) 用切边模切边   (c) 冲掉连皮   (d) 锻件

图 3.31　胎模锻的生产过程

常用的胎模结构形式为套筒模和合模。其中套筒模有开式、闭式和组合式,主要用于锻造齿轮、法兰盘等回转体锻件;合模主要用于锻造连杆、叉形件等形状较复杂的非回转体锻件。

3.5　板料冲压

1. 冲压生产概述

利用冲压设备和冲模使板料产生分离或变形的压力加工方法称为冲压,也称为板料冲压。通常是在常温下进行的,又称冷冲压。板料冲压的原料应为具有较高塑性的板材、带材或其他型材,如金属有低碳钢、铜及其合金、镁合金等;非金属有石棉板、硬橡皮、胶木板、皮革等。用于加工的板料厚度一般小于 6mm。冲压生产的特点如下:

(1) 可以生产形状复杂的零件或毛坯。

(2) 冲压制品具有较高的精度、较低的表面粗糙度,质量稳定,互换性能好。

(3) 产品还具有材料消耗少、重量轻、强度高和刚度好的特点。

(4) 冲压操作简单,生产率高,易于实现机械化和自动化。

(5) 冲模精度要求高,结构较复杂,生产周期较长,制造成本较高,故只适用于大批量生产场合。

冲压主要应用于日用品、汽车、航空、电器、电机和仪表等行业。

2. 板料冲压的主要工序

冲压工艺一般可分为分离工序和变形工序两大类。其中分离工序是在冲压过程中使冲压件与坯料沿一定的轮廓线互相分离；而变形工序是使冲压坯料在不破坏的条件下发生塑性变形，并转化成所要求的成品形状。在分离工序中，剪裁主要是在剪床上完成的。落料和冲孔又统称为冲裁，如图 3.32 所示，常用设备为冲床和模具。

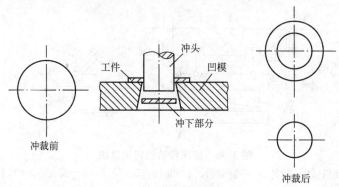

图 3.32 冲裁

在变形工序中，还可按加工要求和特点不同分为弯曲（图 3.33）、拉深（图 3.34）和成形等。其中弯曲工序除了可在冲床上完成之外，还可在折弯机（如电气箱体加工）、滚弯机（如自行车轮圈制造等）上进行。弯曲坯料除板材之外还可以是管子或其他型材。变形工序主要包括缩口、翻边（图 3.35）、扩口、卷边、胀形和压印等。

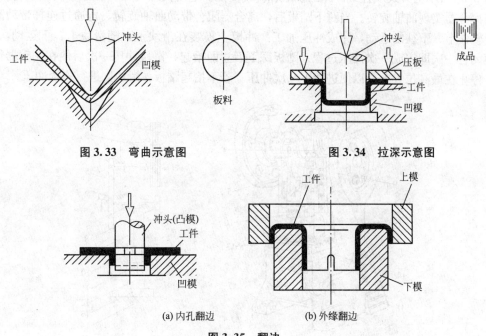

图 3.33 弯曲示意图　　　　　　　　**图 3.34 拉深示意图**

(a) 内孔翻边　　　　　　　(b) 外缘翻边

图 3.35 翻边

3. **冲压主要设备**

冲压所用的设备种类很多，主要有剪床和冲床。

1）剪床

其用途是将板料切成一定宽度的条料或块料，以供给冲压所用，剪床传动机构如

图 3.36 所示。剪床的主要技术参数是剪板料的厚度和长度，如 Q11-2×1000 型剪床，它表示能剪厚度为 2mm、长度为 1000mm 的板材。剪切大宽度板材一般选用斜刃剪床，剪切窄且厚的板材，应选用平刃剪床。

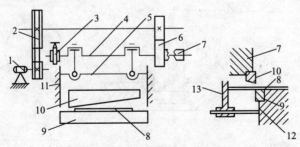

图 3.36　剪床传动机构示意图

1—电动机；2—带轮；3—制动器；4—曲柄；5—滑块；6—齿轮；7—离合器；
8—板料；9—下刀片；10—上刀件；11—导轨；12—工作台；13—挡铁

2）冲床

冲床是曲柄压力机的一种，可实现除剪切外的绝大多数基本工序。冲床按其结构可分为单柱式和双柱式、开式和闭式等；按滑块的驱动方式分为液压驱动和机械驱动。其中机械式冲床的工作机构主要由滑块驱动机构（如曲柄、偏心齿轮、凸轮等）、连杆和滑块组成。如图 3.37 所示为开式双柱式冲床的外形和传动简图。电动机经 V 形带减速驱动大带轮转动，再经离合器实现曲轴旋转。当踩下踏板后，离合器闭合带动曲轴旋转，再通过连杆带动滑块沿导轨作上、下往复运动，完成冲压加工。冲模上模装在滑块上，随滑块上、下运动，上、下模闭合一次即完成一次冲压过程。踏板踩下后立即抬起，滑块冲压一次后便在制动器作用下，停止在最高位置上，以便进行下一次冲压。若不抬起踏板，滑块则进行连续冲压。

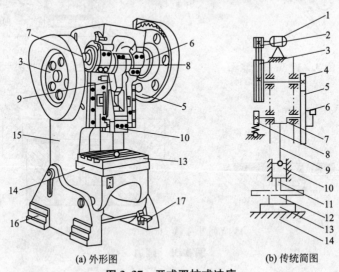

(a) 外形图　　　　　　　　(b) 传统简图

图 3.37　开式双柱式冲床

1—电动机；2—小带轮；3—大带轮；4—小齿轮；5—大齿轮 6—离合器；
7—曲轴；8—制动器；9—连杆；10—滑块；11—上模；12—下模；
13—垫板；14—工作台；15—床身；16—底座；17—脚踏板

通用性好的开式冲床的规格以额定标称压力来表示，如 100kN（10t）。其他主要技参数有滑块行程距离(mm)、滑块行程次数(次/min)和封闭高度等。

3）冲模结构

冲模是板料冲压的主要工具，其典型结构如图3.38所示。一副冲模由若干零件组成，大致可分为以下几类：

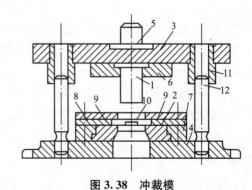

图3.38 冲裁模

1—凸模；2—凹模；3—上模板；4—下模板；
5—模柄；6—凸模压板；7—凹模压板；8—卸料板；
9—导料板；10—定位销；11—导套；12—导柱

（1）工作零件。如凸模1和凹模2，为冲模的工作部分，它们分别通过压板固定在上下模板上，其作用是使板料变形或分离，是模具关键件。

（2）定位零件。如导料板9，定位销10。用以保证板料在冲模中占有准确位置。导料板控制坯料进给，定位销控制坯料进给量。

（3）卸料零件。如卸料板8，当冲头回程时，可使凸模从工件或坯料中脱离。也可采用弹性卸料，即用弹簧、橡皮等弹性元件通过卸料板推出板料。

（4）模板零件。如上模板3，下模板4和模柄5等。上模借助上模板通过模柄固定在冲床滑块上，并可随滑块上、下运动；下模借助下模板用压板螺栓固定在工作台上。

（5）导向零件。如导套11、导柱12等，是保证模具运动精度的重要部件，分别固定在上、下模板上，其作用是保证凸、凹模相对运动时准确对位，保证间隙均匀。

（6）固定板零件。如凸模压板6、凹模压板7等，使凸模、凹模分别固定在上、下模板上。此外还有螺钉、螺栓等联接件。

以上所有模具零件并非每副模具都须具备，但工作零件、模板零件、固定板零件等则是每副模具必须有的。

4）冲床操作安全规范

（1）冲压工艺所需的冲剪力或变形力要小于或等于冲床的标称压力。

（2）开机前，应锁紧所有调节和紧固件，以免模具等松动而造成设备、模具损坏和人身安全事故。

（3）开机后，严禁将手伸入上、下模间，取出工件或废料应使用工具。冲压过程中严禁将工具伸入冲模之间。

（4）两人以上共同操作时，应由一人专门控制踏脚板，踏脚板上应安装防护罩，或将其放在隐蔽安全处，工作台上应取尽杂物，以免杂物坠落于踏脚板上造成动作。

（5）装拆或调整模具应停机进行。

3.6 安全技术规范

1. 手工锻造

（1）当实习指导师傅在进行示范操作时，所有实习人员应站在指定的安全区域观看，

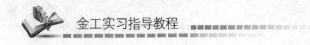

示范切断操作，应避开金属切断飞行的方向。

（2）在操作开始之前，必须检查所有设备、工具是否正常，钳子能否牢固夹持工件，铁砧有无裂纹，锤头与锤柄安装是否牢固，头部有无楔铁，炉子的风口是否堵塞。若发现存在异常，应及时报告指导师傅，只有排除所有异常后方可进行后续操作。

（3）铁砧上及周围地面不得放置任何其他物品。

（4）不得用锤子敲击铁砧的工作面。

（5）炽热的锻件不得乱抛乱放，禁止随便触及锻件，以免烫伤。

（6）用大锤操作时，要注意周围是否有人或障碍物，不允许强打或横打。

2．机械锻造

（1）观察时，应站在指定的安全区域，距锻机的距离应大于 1m。

（2）在操作前，须征得指导师傅同意，并应在指导师傅现场指导下方可操作。

（3）不得锻打过烧或始锻温度过低的工件，不得用机锻切断加热的锻件。

（4）锻机砧面上存留的渣皮，应及时清理，不得积存。清理时，需用有柄的扫帚或抹布进行，严禁用嘴吹或手套擦抹。

（5）严禁直接用手移动砧面的工具及锻件，手与头严禁靠近锻锤和机械运动区域。

（6）只准单人操作的设备，严禁他人帮忙，以免因动作不一致而造成工伤事故。

（7）锻机刚开始锤击时，不可强打，停机时，应将锤头轻轻提起，并在锤头下方垫上木块。

（8）工作完毕，应熄灭锻炉，并整理好工作现场，检查所有工具及设备是否完好，并摆放整齐。

第4章

焊   接

4.1   焊接工艺基础知识

1. 概述

焊接是通过加热或加压(或两者并用),使用(或不用)填充材料,使焊件形成原子间结合,从而实现永久性(不可拆卸)连接的一种加工方法。

焊接方法种类很多,但按其过程特点不同可分为熔化焊、压力焊和钎焊三大类。熔化焊是将两焊件的连接部位加热至熔化状态在不加压力的情况下,使其冷却凝固成一体,从而完成焊接。压力焊是在焊接过程中,必须对焊件施加压力,同时加热(或不加热)以完成焊接。钎焊是将低熔点的钎料熔化,使其与焊件金属(仍加热,但仍处于固态)相互扩散,而实现连接。

在生产中,最常用的是熔化焊,如手工电弧焊、埋弧自动焊、气焊等。随着生产技术的不断发展,气焊有被氩弧焊和 CO_2 气体保护焊取代的趋势。压力焊中的电阻焊应用也十分广泛(如汽车制造业)。熔化焊的焊接接头如图 4.1 所示。被焊的工件材料称为母材(或称基本金属)。焊接中,母材局部受热熔化形成熔池,熔池不断移动并冷却后形成焊缝。焊缝两侧部分母材因焊接加热的影响而引起金属内部组织和力学性能变化的区域,称为焊接热影响区。焊缝和热影响区的分界线称为熔合线。焊接接头由焊缝、熔合线和焊接热影响区三部分组成。焊缝各部分的名称如图 4.2 所示。

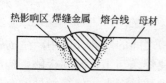

图 4.1   熔化焊焊接接头

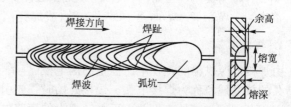

图 4.2   焊缝各部分的名称

2. 焊接的特点及应用

焊接主要用于制造金属结构件，也可用于机器的零部件的制造。世界上一些工业发达国家，其焊接结构的年产量大约占钢产量的45％左右。焊接能得到广泛的应用是由于它具有以下优点：

(1) 连接性能好。可以方便地将板材、型材或铸锻件根据需要进行组合焊接，因而对于制造大型、特大型结构(如机车、桥梁、轮船、火箭等)有重要意义。同时，焊接还可以将不同形状及尺寸(板厚、直径)甚至不同种类的材料(异种材料)连接起来，从而达到降低重量，节约材料，资源优化等目的。

(2) 焊接结构刚度大，整体性好。同时又容易保证气密性及水密性，所以特别适合制造高强度、大刚度的中空结构(如压力容器、管道、锅炉等)。

(3) 焊接方法种类多，焊接工艺适应性广。它适应不同要求及批量的生产，且易实现焊接自动化(如汽车制造业中广泛使用了点焊机械手、弧焊机器人等)。

另外焊接与其他工艺方法一样，同样也存在不足，具体如下：

(1) 焊接往往导致焊接接头组织和性能改变，若控制不当会严重影响结构件的质量与使用性能。

(2) 焊缝及热影响区因工艺或操作不当会产生多种缺陷，使结构承载的能力下降。

(3) 焊接使工件产生残余应力和变形。

实践表明，上述缺陷的产生及影响程度取决于材料(母材、焊材)的选用、接头形式和施工工艺等。

4.2 手工电弧焊

利用电弧作为热源的焊接方法称为电弧焊。用手工操作焊条进行的电弧焊称为手工电弧焊(或焊条电弧焊)，简称手弧焊。

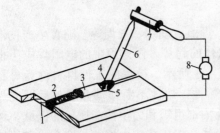

手工电弧焊因设备简单，方便灵活而得到广泛应用。手工电弧焊的焊接过程如图4.3所示。焊接时在焊条和焊件之间产生电弧，高温电弧使焊条端部和工件局部熔化而形成熔池。因焊条不断送进，故电弧得以维持。随着电弧沿焊接方向前移，又产生新的熔池，原熔池便被迅速冷却、凝固形成焊缝，从而使两块焊件连为一体。焊条药皮熔化后形成熔渣(冷却后叫渣壳)始终覆盖在熔池(或焊缝)上，对焊缝起保护作用。

图 4.3 手工电弧焊焊缝形成过程
1—焊件；2—焊缝；3—渣壳；4—电弧；
5—溶池；6—焊条；7—焊钳；8—电焊机

1. 焊接电弧

由焊接电源供给的，在电压恒定的两电极(焊条与工件)之间的气体介质中产生的强烈而持久的放电现象称为焊接电弧。焊接开始时，先引弧，使焊条与工件瞬间接触，构成短路。因焊条端面与工件表面并不平整，强大的短路电流经少数接触点，使接触处的金属温度迅速升高而熔化，甚至有部分金属蒸发。如图4.4(a)所示。此时将焊条与工件迅速分离，两极处温度非常高，在电场作用下产生热电子发射。阴极发射大量电子快速飞向阳极，在途中撞击空气分子使之电离成正离子和电子，从而使两电极间的空气导电。上述带电质点定向运动即形成焊接电弧，如图 4.4(b)所示。

（1）焊接电弧的构造和温度分布。焊接电弧由阴极区、弧柱区、阳极区三部分组成，如图 4.4 所示。阳极区和阴极区的温度与电极材料有关，当采用直流弧焊机焊接，两电极材料均为低碳钢时，阴极区温度约为 2400K，阳极区温度约为 2600K。如采用交流弧焊机焊接时，同样采用低碳钢作为两电极材料，两电极温度均为 2500K 左右，电流方向交变。弧柱区的温度最高可达 6000～8000K。

焊接电弧产生的热量与焊接电流和电弧电压（电弧两端之间的电压降）的乘积成正比。通常，焊接电弧在阳极区产生的热量较多，约占电弧热量的 43%；阴极区因发射电子要消耗一定能量，故产生热量较少，约占 36%；弧柱区产生的热量只占 21%。手弧焊时，电弧热量的 65%～85%用于金属的加热与熔化，而其余热量则散失在电弧周围的空气中及由飞溅的金属熔滴带走。

（2）焊接电弧的静特性。手弧焊时，电焊机与电弧组成电源-负载系统。焊接电弧是负载，能将电能转变成热能，它与普通电阻相似，又有着根本的区别。电弧是变负载，电阻是固定负载。当通电时，两者的电压降变化不同，如图 4.5 所示，电弧燃烧时，焊接电流与电弧电压之间的关系叫电弧的静特性。

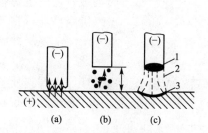

图 4.4　焊接电弧形成
1—阴极区；2—弧柱区；3—阳极区

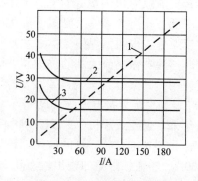

图 4.5　电弧的静特性曲线
1—普通电阻特性；2—弧长 5mm 的电弧静特性；
3—弧长 2mm 的电弧静特性

由图 4.5 可知，当电弧长度一定时，焊接电流越小，电弧电压越高；而当焊接电流大于 30～50A 时，电弧电压则与电流大小无关（曲线呈水平状），而主要与电弧长度有关，即电弧越长所需要的电压越高。

2. 电焊机

1）电弧焊专用弧焊电源的要求。

手工电弧焊电源也称手弧焊机。在焊接时，为了顺利的引燃电弧并保持稳定燃烧，手弧焊机在性能上应满足下列要求。

（1）具有陡降的外特性。在其他参数不变的情况下，电源输出电压与输出电流之间的关系称为电源的外特性。一般电设备要求电源电压不随负载变化，即外特性呈水平状，但焊接电源则要求其输出电压随焊接电流的增加而迅速下降，如图 4.6 所示。

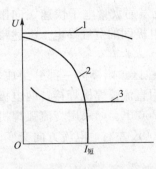

图 4.6　焊接电源特性

1—普通电源外特性曲线；
2—焊接电源外特性曲线；
3—焊接电弧静特性曲线

（2）适当空载电压。较高的空载电压有利于引弧及稳弧，但从安全角度考虑也不宜太高。

（3）适当短路电流。焊接时，当两电极（焊条与工件）短路时，焊接电流称为短路电流。一般应限制短路电流，以保证焊接电源不至于过载烧坏。

（4）良好的动特性。电弧长度变化或是频繁短路时，焊接电源应能保证电弧的稳定。

（5）良好的调节特性。手弧焊机的焊接电流应能在较宽范围内均匀调节，以适应不同材料、板厚的焊接要求。

2）常用手弧焊机

焊机按其供给电流的性质不同可分为交流弧焊机和直流弧焊机。直流弧焊机又分为旋转直流弧焊机（发电式）和硅整流弧焊机（整流式）两种。

交流弧焊机（即交流弧焊电源）也称为弧焊变压器。它是一种特殊的降压变压器。常见的交流弧焊机有动铁式（如 BX_1—300）和动圈式（如 BX_3—400）两种。其型号含义为：B 表示弧焊变压器，X 表示下降外特性，1 表示动铁式，3 表示动圈式，而 300 和 400 等表示焊机的额定电流值（A）。

旋转直流弧焊机因稳弧性好，曾得到广泛应用，但由于其结构复杂、价格高、能耗大、效率低、噪声大等原因已属于淘汰产品。

整流弧焊机也叫弧焊整流器。它是一种将交流电经变压、整流转换成直流电的焊接电源。用硅整流器做整流元件的称为硅整流弧焊机（如 ZXG—400），该焊机因性能优良已得到广泛使用。其型号含义为：Z 表示整流弧焊电源，X 表示下降外特性，G 表示硅整流式，400 表示额定焊接电流为 400A。

近年来，逆变式焊机（如 ZX7—400）因具有效率高、体积小、稳弧性好、焊接质量稳定等特性而得到越来越广泛的应用。该焊机型号中的 7 表示逆变式，400 表示额定焊接电流为 400A。整流弧焊机的输出端有正负极之分，工件接焊机正极，焊条接负极称为正接法；反之，则为反接法。

焊厚板时，为增加熔深，用正接。焊薄板时，为防止烧穿，用反接。在使用碱性焊条时，均应采用反接，以保证电弧稳定。使用交流弧焊机焊接时，因输出的电流周期性变换极性，故没有正接与反接之分。

3. 电焊条

电焊条（简称焊条）是手弧焊的焊接材料，是一种涂有药皮的熔化电极，它由焊芯和药皮两部分组成，如图 4.7 所示，焊芯是焊接专用的金属丝，直径和长度均有规定。焊条直径即为焊芯的直径（焊丝直径），通常其规格有：2、2.5、3.2、4、5、6mm 等。其长度一般为 300~450mm。

（1）焊丝的作用。一是作为电极，传导电流，产生并维持电弧；二是熔化后作为填充金属与熔化的母材一起组成焊缝。必

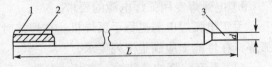

图 4.7　焊条结构

1—药皮；2—焊芯；3—焊条夹持部分

要时，也可用焊芯来渗合金。

按国家标准规定，焊接专用钢丝（焊丝）分为碳素结构钢、合金结构钢和不锈钢三类。常用的碳素结构钢焊芯牌号有 H08、H08A、H08E 和 H10Mn2 等。牌号的含义为：H 表示焊芯，08 表示含碳量为 0.08%，合金元素及其他符号与钢号表示方法相同。

药皮是挤压涂在焊芯表面上的涂料层，它由矿石粉、铁合金粉、粘结剂等原料按一定比例配制而成。其主要作用是使电弧容易引燃并保持稳定；在电弧高温下，产生大量气体，并形成熔渣，保护熔化金属不被氧化；去除有害元素（如氧、氢、硫、磷等），添加有益的合金元素，以改善焊缝质量。

焊条药皮有七类：高钛型、钛钙型、钛铁矿型、氧化铁型、锰型、低氢钾型及低氢钠型。

上述药皮中的低氢钾型及低氢钠型属碱性焊条，其余均为酸性焊条；使用的焊接电源除低氢钠型必须用直流（反接）外，其余均是交、直流两用。

（2）焊条的分类及编号。我国焊条一般按用途进行分类，原机械工业部《焊接材料产品样本》中将焊条按其用途划分为 10 大类，见表 4-1。

表 4-1　电焊条的分类

焊条类型	牌号符号	焊条类型	牌号符号
结构钢焊条	J（结）	铸铁焊条	Z（铸）
耐热钢焊条	R（热）	镍及镍合金焊条	Ni（镍）
低温钢焊条	W（温）	铜及铜合金焊条	T（铜）
不锈钢焊条	G（铬）、A（奥）	铝及铝合金焊条	L（铝）
堆焊焊条	D（堆）	特殊用途焊条	TS（特）

新国标按用途将焊条分为 7 大类：碳钢焊条、低合金钢焊条、不锈钢焊条、堆焊焊条、铸铁焊条及焊丝、铜及铜合金焊条、铝及铝合金焊条。

根据焊接后熔渣的化学性质，焊条可分为两大类：酸性焊条和碱性焊条。酸性焊条的工艺性好，但抗裂性不如碱性焊条，广泛用于一般钢结构。碱性焊条则正相反，工艺性较差（脱渣性及焊缝外观成形不如酸性）但抗裂性好（抗冷、热裂纹），焊缝金属的冲击韧性高，故适用于重要的钢结构（如锅炉、压力容器、压力管道等）。

焊条型号及牌号为使用方便，必须进行统一的分类编号。目前同时存在两种方法，一是焊条型号，由国家规定；二是焊条牌号，由有关部门或厂家对实际生产的焊条在产品样本上的编号。以焊接低碳钢和普通低合金结构钢使用的酸性焊条 E4303 为例，E4303 是国家标准型号，其中：E 表示电焊条；43 表示焊缝金属的抗拉强度不低于 420MPa（43Kgf/mm^2）；0 表示适于全位置焊接；3 表示钛钙型药皮。这种焊条的牌号是 J（结）422，其中：J（结）表示结构钢焊条；42 表示焊缝金属抗拉强度不低于 420MPa；2 表示钛钙型药皮，交直流两用。

常用焊缝型号和牌号对照见表 4-2，其他焊条可参阅相关标准或焊接手册。

表 4－2　常用焊条型号和牌号对照表

型号	牌号	型号	牌号
E4303	J422	E5015	J507
E4316	J426	E6015	J607
E4315	J427	E00_19_10_16	A302
E5003	J502	E0_19_10Nb_15	A137

4. 手工电弧焊操作技术

（1）引弧方法。焊接电弧的建立称引弧，焊条电弧焊有两种引弧方式：划擦法和直击法。划擦法操作是在焊机电源开启后，将焊条末端对准焊缝，并保持两者的距离在 15mm 以内，依靠手腕的转动，使焊条在零件表面轻划一下，并立即提起 2～4mm，电弧引燃，然后开始正常焊接。直击法是在焊机开启后，先将焊条末端对准焊缝，然后稍点一下手腕，使焊条轻轻撞击零件，随即提起 2～4mm，就能使电弧引燃，开始焊接。

（2）焊条运动操作。焊条电弧焊是依靠人手工操作焊条运动实现焊接的，此种操作也称运条。运条包括控制焊条角度、焊条送进、焊条摆动和焊条前移，如图 4.8 所示。运条技术的具体运用由工件材质、接头型式、焊接位置、焊件厚度等因素决定。常见的焊条电弧焊运条方法如图 4.9 所示，直线形运条方法适用于板厚 3～5mm 的不开坡口对接平焊；锯齿形运条法多用于厚板的焊接；月牙形运条法对熔池加热时间长，容易使熔池中的气体和熔渣浮出，有利于得到高质量焊缝；正三角形运条法适合于不开坡口的对接接头和"T"字接头的立焊；正圆圈形运条法适合于焊接较厚工件的平焊缝。

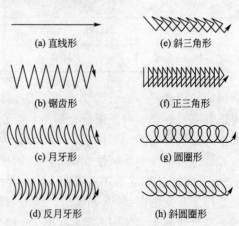

(a) 直线形　　(e) 斜三角形

(b) 锯齿形　　(f) 正三角形

(c) 月牙形　　(g) 圆圈形

(d) 反月牙形　　(h) 斜圆圈形

图 4.9　常见焊条电弧焊运条方法

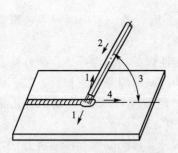

图 4.8　焊条运动和角度控制

1—横向摆动；2—送进；

3—焊条与零件夹角为 70°～80°；

4—焊条前移

（3）焊缝的起头、接头和收尾。焊缝起头是指焊缝起焊时的操作，此时工件温度低、电弧稳定性差，焊缝易出现气孔、未焊透等缺陷，为避免此现象，应在引弧后将电弧稍微拉长，对工件起焊部位进行适当预热，且多次往复运条，在达到所需的熔深和熔宽后，再调到正常的弧长进行焊接。

焊接一条长焊缝，往往需要消耗多根焊条，这种情况下就会出现前后焊条更换时焊缝接头。为了不影响焊缝成形，保证接头处焊接质量，更换焊条的动作应越快越好，并在接头弧坑前约15mm处起弧，然后移到原来弧坑位置进行焊接。

焊缝收尾是指焊缝结束时的操作。焊条电弧焊一般熄弧时都会留下弧坑，过深的弧坑会导致焊缝收尾处缩孔、产生弧坑应力裂纹。在进行焊缝收尾操作时，应保持正常的熔池温度，作无直线运动的横摆点焊动作，逐渐填满熔池后再将电弧拉向一侧熄灭。此外在实际生产中划圈收尾法、反复断弧收尾法和回焊收尾法也常被采用。

5. 手工电弧焊工艺

选择合适的焊接工艺参数是获得优良焊缝的前提，它直接影响着生产率。手工电弧焊工艺是根据焊接接头形式、工件材料、板材厚度、焊缝焊接位置等具体情况来制定的，包括焊条牌号、焊条直径、电源种类和极性、焊接电流、焊接电压、焊接速度、焊接坡口形式和焊接层数等内容。

焊条型号应主要根据工件材质来选择，并参考焊接位置情况决定。电源种类和极性是由焊条牌号确定的。焊接电压决定于电弧长度，它与焊接速度对焊缝成形影响极大，一般由焊工根据具体情况灵活掌握。

（1）焊接位置。在实际生产中，由于焊接结构和工件移动的限制，焊缝在空间的位置除平焊外，还有立焊、横焊、仰焊，如图4.10所示。平焊操作方便，焊缝成形条件好，易获得优质焊缝且生产率高，是最合适的位置；其他三种又称空间位置焊，焊工操作较平焊困难，受熔池液态金属重力影响，需对焊接规范控制并采取一定的操作方法才能保证焊缝成形，其中焊接条件仰焊位置最差，立焊、横焊次之。

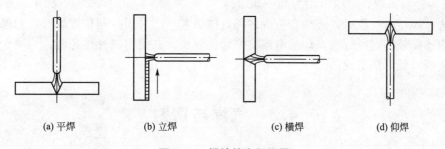

(a) 平焊　　　　(b) 立焊　　　　(c) 横焊　　　　(d) 仰焊

图4.10　焊缝的空间位置

（2）焊接接头形式和焊接坡口形式。焊接接头是指焊接件的连接方式，它由焊缝、熔合区、热影响区及其邻近的母材组成。根据接头的构造形式不同，可分为对接接头、T形接头、搭接接头、角接接头、卷边接头五种类型。前4类如图4.11所示，卷边接头用于薄板焊接。

熔焊接头焊前加工坡口的目的在于使焊接易行，电弧能沿板厚熔敷一定深度，保证接头根部焊透，并获得良好焊缝成形。焊接坡口形式有：I形坡口、V形坡口、U形坡口、双V形坡口、J形坡口等。常见焊条电弧焊接头的坡口形状和尺寸如图4.11所示。对焊件厚度小于6mm的焊缝，可不开坡口或开I形坡口；中厚度和大厚度板对接焊，为保证熔透，须开坡口。V形坡口便于加工，但零件焊后易发生变形；X形坡口可避免V形坡口的一些缺点，同时可减少填充材料；U形及双U形坡口，其焊缝填充金属量更小，焊后

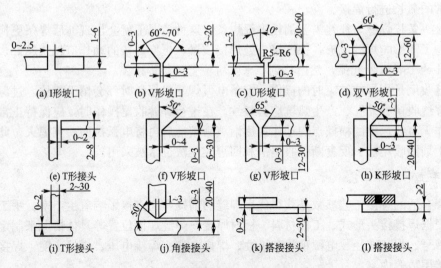

图 4.11　焊条电弧焊接头形式和坡口形式

变形也小，但坡口加工困难，一般用于重要焊接结构。

(3) 焊条直径、焊接电流。一般来讲焊件的厚度越大，选用的焊条直径 d 应越大，同时应选择较大的焊接电流，以提高工作效率。板厚小于 3mm，焊条 d 应取值小于或等于板厚；板厚在 $4\sim8$mm 之间，d 应取 $3.2\sim4$mm；板厚在 $8\sim12$mm 之间，d 应取 $4\sim5$mm。此外，对于中厚板零件的焊接，焊缝往往采用多层焊或多层多道焊。

低碳钢平焊时，焊条直径 d 和焊接电流 I 的对应关系有以下经验公式作为参考：

$$I = kd \tag{4-1}$$

式中：k 为经验系数，取值范围为 $30\sim50$。

在选择焊接电流值时，应综合考虑各种具体因素。当采用空间位置焊时，为保证焊缝成形，应选择较细直径焊条，焊接电流比平焊位置小。在使用碱性焊条时，为减少焊接飞溅，可适当降低焊接电流值。

4.3　气焊与切割

气焊和气割是利用气体火焰热量进行金属焊接和切割的方法，在金属结构件的生产中被大量应用。它们所使用的气体火焰是由可燃性气体和助燃气体混合燃烧而形成的，根据其用途，气体火焰的性质有所不同。

1. 气焊

1) 气焊特点及应用

气焊是利用气体火焰加热并熔化母体材料和焊丝的焊接方法。与电弧焊相比，其优点如下：

(1) 气焊不需要电源，设备简单。

(2) 气体火焰温度比较低，熔池容易控制，易实现单面焊双面成形，并可以焊接很薄的工件。

（3）在焊接铸铁、铝及铝合金、铜及铜合金时焊缝质量好。气焊也存在热量分散，接头变形大，不易自动化，生产效率低，焊缝组织粗大，性能较差等缺陷。气焊常用于薄板的低碳钢、低合金钢、不锈钢的对接、端接，在熔点较低的铜、铝及其合金的焊接中仍有应用，焊接需要预热和缓冷的工具钢、铸铁也比较适合。

2）气体火焰

气焊和气割用于加热及燃烧金属的气体火焰均是由可燃性气体和助燃气体混合燃烧而形成的。助燃气体为氧气，可燃性气体种类很多，最常用的有乙炔和液化石油气。

乙炔分子式为 C_2H_2，在常温和 1 个标准大气压（1atm＝101.325kPa）下为无色气体，能溶解于水、丙酮等液体，属于易燃易爆危险气体，其火焰温度为 3200℃，工业用乙炔主要由水分解电石得到。

液化石油气主要成分是丙烷（C_3H_8）和丁烷（C_4H_{10}），价格比乙炔低且安全，但用于切割时需要较大的耗氧量。

气焊主要采用氧-乙炔火焰，根据两者的混合比不同，可得到以下 3 种不同性质的火焰。

（1）中性焰。如图 4.12(a)所示，当氧气与乙炔的混合比为 1～1.2 时，燃烧充分，燃烧过后无剩余氧或乙炔，热量集中，温度可达 3050～3150℃。它由焰心、内焰、外焰三部分组成，焰心是呈亮白色的圆锥体，温度较低；内焰呈暗紫色，温度最高，适用于焊接；外焰颜色从淡紫色逐渐向橙黄色变化，温度下降，热量分散。中性焰应用最广，低碳钢、中碳钢、铸铁、低合金钢、不锈钢、紫铜、锡青铜、铝及铝合金、镁合金等气焊都使用中性焰。

（2）碳化焰。如图 4.12(b)所示，当氧气与乙炔的混合比小于 1 时，乙炔燃烧不充分，焰心较长，呈蓝白色，温度最高达 2700～3000℃。由于过剩的乙炔分解的碳粒和氢气的原因，有还原性，焊缝含氢增加，焊低碳钢时有渗碳现象，适用于气焊高碳钢、铸铁、高速钢、硬质合金、铝青铜等。

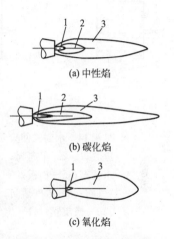

(a) 中性焰

(b) 碳化焰

(c) 氧化焰

图 4.12　氧-乙炔火焰形态

1—焰心；2—内焰；3—外焰

（3）氧化焰。如图 4.12(c)所示，当氧气与乙炔的混合比大于 1.2 时，燃烧过后的气体仍有过剩的氧气，焰心短而尖，内焰区氧化反应剧烈，火焰挺直发出"嘶嘶"声，温度可达 3100～3300℃。由于火焰具有氧化性，焊接碳钢易产生气体，并出现熔池沸腾现象，很少用于焊接，轻微氧化的氧化焰适用于气焊黄铜、锰黄铜、镀锌铁皮等。

3）气焊设备

它由氧气瓶、氧气减压器、乙炔发生器（或乙炔瓶和乙炔减压器）、回火防止器、焊炬和气管组成，如图 4.13 所示。

（1）氧气瓶。它是储存和运输高压氧气的容器，一般容量为 40L，额定工作压力

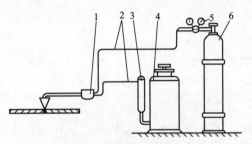

图 4.13　气焊设备的组成

1—焊炬；2—橡胶管；3—回火保险器；
4—乙炔发生器；5—减压器；6—氧气瓶

为 15MPa。

（2）减压器。它用于将气瓶中的高压氧气或乙炔气减压至工作所需的低压，并能保证在气焊过程中气体压力基本稳定。

（3）乙炔发生器和乙炔瓶。它是用于将水与电石经化学反应后生成一定压力的乙炔气体的装置。我国主要应用的是中压式（0.045～0.15MPa）乙炔发生器，结构形式有排水式和联合式两种。

乙炔瓶是储存和运输乙炔的容器，其外表涂白色漆，并用红漆标注"乙炔"字样。瓶内装有浸透丙酮的多孔性填料，使乙炔得以安全而稳定地储存于瓶中，多孔性填料通常由活性炭、木屑、浮石和硅藻土合制而成。乙炔瓶额定工作压力为 1.5MPa，一般容量为 40L。

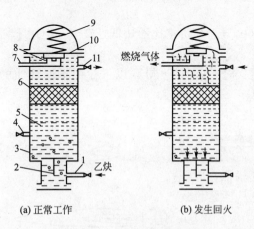

（a）正常工作　　（b）发生回火

图 4.14　水封式回火防止器

1—进气口；2—单向阀；3—筒体；
4—水位阀；5—挡板；6—过滤器；
7—放气阀；8—放气活门；9—弹簧；
10—橡皮膜；11—出气口

（4）回火防止器。在气焊或气割过程中，当气体压力不足、焊嘴堵塞、焊嘴太热或焊嘴离焊件太近时，会发生火焰沿着焊嘴回烧到输气管的现象，称为回火。回火防止器是防止火焰向输气管路或气源回烧而引起爆炸的一种保险装置。它有水封式和干式两种，如图 4.14 所示为水封式回火防止器。

（5）焊炬。其功用是将氧气和乙炔按一定比例混合，并以确定的速度从焊嘴喷出，进行燃烧来形成具有一定能率和性质稳定的焊接火焰。按乙炔气进入混合室的方式不同，焊炬可分成射吸式和等压式。最常用的是射吸式焊炬，其构造如图 4.15 所示。工作时，氧气从喷嘴以很高速度射入射吸管，将低压乙炔吸入射吸管，使两者在混合管充分混合后，由焊嘴喷出，点燃即成焊接火焰。

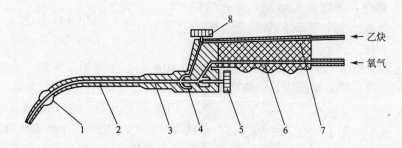

图 4.15　射吸式焊炬的构造

1—焊嘴；2—混合管；3—射吸管；4—喷嘴；5—氧气阀；
6—氧气导管；7—乙炔导管；8—乙炔阀

（6）气管。氧气橡皮管为黑色，内径为 8mm，工作压力为 1.5MPa；乙炔橡皮管为红色，内径为 10mm，工作压力为 0.5MPa 或 1.0MPa。橡皮管一般长 10～15m。

4）气焊工艺

它包括气焊设备使用、气焊工艺规范制定、气焊操作技术、气焊焊接材料选择等方面的内容。

(1) 气焊工艺规范。气焊工艺规范包括火焰性质、火焰能率、焊嘴的倾斜角度、焊接速度、焊丝直径等。

① 火焰性质。根据被焊工件材料确定。

② 火焰能率。主要根据单位时间消耗的乙炔量来确定。当焊接的焊件较厚、工件材料熔点高、导热性好、焊缝为平焊位置时，应采用较大的火焰能率，以保证焊件熔透，提高劳动生产率。根据火焰能率来选择焊炬规格、焊嘴号及调整氧气压力。

③ 焊嘴的倾斜角度是指焊嘴与工件之间的夹角。焊嘴倾角要根据焊件的厚度、焊嘴的大小及焊接位置等因素来决定。当焊接厚度大、材料熔点高时，焊嘴倾角要大，以使火焰集中、升温快；反之在焊接厚度小、材料熔点低时，焊嘴倾角要小，防止焊穿。

④ 焊接速度。焊速过快易造成焊缝熔合不良、未焊透等缺陷；焊速过慢则产生过热、焊穿等问题。焊接速度应根据工件厚度，在适当选择能率的前提下，通过观察和判断熔池的熔化程度来掌握。

⑤ 焊丝直径主要根据零件厚度来确定，见表4-3。

表4-3　焊丝直径的选择

工件厚度/mm	焊丝直径 d/mm	工件厚度/mm	焊丝直径 d/mm
1～2	1～2 或不加焊丝	5～10	3.2～4
2～3	2～3	10～15	4～5
3～5	3～3.2		

(2) 气焊操作方法。

① 焊接火焰的点燃与熄灭。在火焰点燃时，先微开氧气调节阀，再打开乙炔调节阀，用明火点燃气体火焰，这时的火焰为碳化焰，然后按焊接要求调节好火焰的性质和能率即可进行正常焊接作业。火焰熄灭时，先关闭乙炔调节阀，然后再关闭氧气调节阀即将气体火焰熄灭。若顺序颠倒先关闭氧气调节阀，会冒黑烟或产生回火。

② 左焊法和右焊法。左焊法如图4.16(a)所示，焊接方向是自左向右进行，火焰热量较集中，并对熔池起到保护作用，适用于焊接厚度大、熔点较高的工件，但操作难度大，一般采用较少；右焊法如图4.16(b)所示，焊接方向是自右向左进行，由于焊接火焰与工件有一定的倾斜角度，所以熔池较浅，适用于焊接薄板，右焊法操作简单，应用普遍。气焊低碳钢时，左焊法焊嘴与工件夹角为 50°～60°，右焊法焊嘴与工件夹角为 30°～50°。

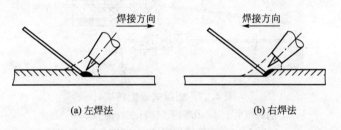

(a) 左焊法　　　　　　　　　　(b) 右焊法

图4.16　左焊法与右焊法

③ 焊炬运走形式。气焊操作一般左手拿焊丝，右手持焊炬。焊接过程中，焊炬除沿焊接方向前进外，还应根据焊缝宽度作一定幅度的横向运动，如在焊薄板卷边接头时做小锯齿形或小斜圆形运动，不开坡口对接接头焊接时做圆圈运动等。

④ 焊丝运走形式。焊丝运走除随焊炬运动外，还有焊丝的送进。平焊位焊丝与焊炬的夹角可在90°左右，焊丝要送到熔池中，与母材同时熔化。至于焊丝送进速度、摆动形式或点动送进方式须根据焊接接头形式、母材熔化等具体情况决定。

（3）气焊材料选择主要有焊丝和焊剂。焊丝用碳钢焊丝、低合金钢焊丝、不锈钢焊丝、铸铁焊丝、铜及铜合金焊丝、铝及铝合金焊丝等类，焊接时根据工件材料来对应选择，达到焊缝金属的性能与母材匹配的效果。在焊接不锈钢、铸铁、铜及铜合金、铝及铝合金时，为防止因氧化物而产生的夹杂物和熔合困难，应加入焊剂。一般将焊剂直接撒在焊件坡口上或蘸在气焊丝上。在高温下，焊剂与金属熔池内的金属氧化物或非金属夹杂物相互作用生成熔渣，覆盖在熔池表面，以隔绝空气，防止熔池金属继续氧化。

2. 气割

1）气割特点及应用

气割是利用气体火焰将金属加热到燃点，由高压氧气流使金属燃烧成熔渣且被排开来实现零件切割的方法。气割工艺是金属加热—燃烧—吹除的循环过程。被切割的材料必须满足下列条件：

（1）被切割材料的燃点应低于熔点。

（2）金属燃烧放出较多的热量，且本身导热性较差。

（3）金属氧化物的熔点应低于金属的熔点。

完全满足这些条件的金属有纯铁、低碳钢、低合金钢、中碳钢，而其他常用金属如高碳钢、铸铁、不锈钢、铜、铝及其合金一般不能进行气割。气割是低碳钢和低合金钢切割中使用最普遍、最简单的一种方法。

2）割炬

割炬的作用是使可燃性气体与氧气混合，形成一定热能和形状的预热火焰，同时在预热火焰中心喷射出切割氧气流，进行金属气割。和焊炬相似，割炬也分为射吸式割炬和等压式割炬两种。

（1）射吸式割炬。其结构如图4.17所示，预热火焰的产生原理与射吸式焊炬相同，切割氧气流经切割氧气管，由割嘴的中心通道喷出来气割。割嘴形式最常用的是环形和梅花形，其构造如图4.18所示。

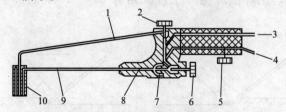

图4.17 射吸式割炬结构

1—切割氧气管；2—切割氧气阀；3—氧气；4—乙炔；

5—乙炔阀；6—预热氧气阀；7—喷嘴；8—射吸管；

9—混合气管；10—割嘴

（2）等压式割炬。其构造如图 4.19 所示，靠调节乙炔的压力实现它与预热氧气的混合，产生预热火焰，要求乙炔源压力要高于中压。切割氧气流也是由单独的管道进入割嘴并喷出。

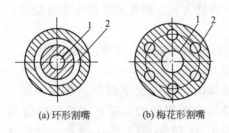

(a) 环形割嘴　　　　(b) 梅花形割嘴

图 4.18　割嘴构造
1—切割氧孔道；2—混合气孔道

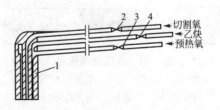

图 4.19　等压式割炬构造
1—割嘴；2—切割氧阀；3—预热氧阀；4—乙炔阀

3）气割工艺

（1）手工气割操作注意事项。在切割开始前，应先清除工件切割线附近的油污、铁锈等杂物，工件下面须留出一定的空间，以利于吹出氧化渣；在切割时，应先点燃预热火焰，调整其性质成中性焰或轻微氧化焰，将起割处金属加热到接近熔点温度，再打开切割氧进行气割；当切割临近结束时，应将割炬后倾，使钢板下部先割透，再割断钢板；切割结束后，应先关闭切割氧，再关闭乙炔，最后关闭预热氧，最终将火焰熄灭。

（2）切割规范。它包括切割氧气压力、切割速度、预热火焰能率、切割倾角、割嘴与工件表面间距等。当切割大厚度工件时，应提高切割氧压力和预热火焰能率，适当减小切割速度；当采用较高氧气纯度来切割时，可适当降低切割氧压力，提高切割速度。只有合理选择切割氧气压力、切割速度、预热火焰能率三者的配比，才能有效地保证切口整齐。切割倾角如图 4.20 所示，其选择应根据实际工况来定，用机械切割和手工进行曲线切割时，割嘴与工件表面应垂直；当用手工切割厚度小于 30mm 的工件时，应采用 20°～30° 的后倾角；当用手工切割厚度大于 30mm 的工件时，须先采用 5°～10° 的前倾角，待割穿后，再将割嘴置于与工件表面垂直，快结束时，可采用 5°～10° 的后倾角。要控制好割嘴与工件的距离，使火焰焰心与工件表面的距离保持为3～5mm。

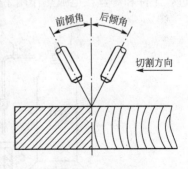

图 4.20　割嘴倾角

4.4　其他常用焊接方法

1. 埋弧自动焊

埋弧焊电弧产生于堆敷了一层的焊剂下的焊丝与工件之间，被熔化的焊剂——熔渣以及金属蒸气形成的气泡壁所包围。气泡壁是一层液体熔渣薄膜，外层有未熔化的焊剂，电弧区得到良好的保护，电弧光也散发不出去，故被称为埋弧焊，如图 4.21 所示。

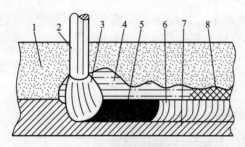

图 4.21 埋弧焊示意图
1—焊剂；2—焊丝；3—电弧；4—熔渣；
5—熔池；6—焊缝；7—工件；8—渣壳

与手工电弧焊相比，埋弧焊有三个主要优点。

（1）焊接电流和电流密度大，生产效率高，是手弧焊生产率的 5～10 倍。

（2）焊缝含氮、氧等杂质低，成分稳定，质量高。

（3）自动化水平高，没有弧光辐射，工人劳动条件较好。

埋弧焊的局限由于受到焊剂敷设限制，不能用于空间位置焊缝的焊接；因埋弧焊焊剂的成分主要是 MnO 和 SiO_2 等金属及非金属氧化物，不适合焊铝、钛等易氧化的金属及其合金；另外薄板、短及不规则的焊缝一般不采用埋弧焊。

用埋弧焊方法焊接的材料有碳素结构钢、低合金钢、不锈钢、耐热钢、镍基合金和铜合金等。埋弧焊在中、厚板对接及角接接头中有中广泛应用，14mm 以下板材对接可不开坡口。埋弧焊也可用于合金材料的堆焊上。

2. 气体保护焊

1）CO_2 气体保护焊

CO_2 气体保护焊是一种采用 CO_2 气体作为保护气的熔化极气体电弧焊方法。工作原理如图 4.22 所示，弧焊电源采用直流电源，电极的一端与工件相连，另一端通过导电嘴将电馈送给焊丝，在焊丝端部与工件熔池之间建立电弧，焊丝在送丝机滚轮驱动下不断送进，工件和焊丝在电弧热作用下熔化并最后形成焊缝。

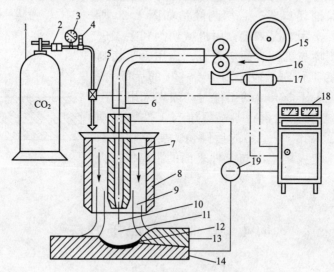

图 4.22 CO_2 气体保护焊示意图
1—CO_2 气瓶；2—干燥预热器；3—压力表；4—流量计；5—电磁气阀；6—软管；
7—导电嘴；8—喷嘴；9—CO_2 保护气体；10—焊丝；11—电弧；12—熔池；
13—焊缝；14—工件；15—焊丝盘；16—送丝机构；17—送丝电动机；
18—控制箱；19—直流电源

CO_2 气体保护焊工艺具有生产率高、焊接成本低、适用范围广、低氢型焊接方法焊缝质量好等优点。其缺点是焊接过程中飞溅较大，焊缝成形不够美观，目前人们正通过改善电源动特性或采用药芯焊丝的方法来解决此问题。

CO_2 气体保护焊设备可分为半自动焊和自动焊两种类型，其工艺适用范围广，粗丝（$\phi \geq 2.4mm$）可以焊接厚板，中细丝用于焊接中厚板、薄板及全位置焊缝。CO_2 气体保护焊主要用于焊接低碳钢及低合金高强钢，也可用于焊接耐热钢和不锈钢，可进行自动焊及半自动焊。目前广泛用于汽车、轨道客车制造、船舶制造、航空航天、石油化工机械等诸多领域。

2）氩弧焊

以惰性气体氩气作保护气的电弧焊方法有钨极氩弧焊和熔化极氩弧焊两种。

（1）钨极氩弧焊是以钨棒作为电弧的一极的电弧焊方法，钨棒在电弧焊中是不熔化的，故又称不熔化极氩弧焊，简称 TIG 焊。焊接过程中可用从旁送丝的方式为焊缝填充金属，也可不加填丝；可用手工焊也可进行自动焊；它可使用直流、交流和脉冲电流进行焊接。工作原理如图 4.23 所示。

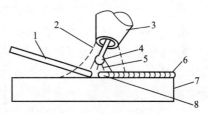

图 4.23　钨极氩弧焊示意图
1—填充焊丝；2—保护气体；3—喷嘴；
4—钨极；5—电弧；6—焊缝；
7—零件；8—熔池

由于被惰性气体隔离，焊接区的熔化金属不会受到空气的有害作用，所以钨极氩弧焊可用于焊接易氧化的有色金属，如铝、镁及其合金，也可用于不锈钢、铜合金以及其他难熔金属的焊接。因其电弧非常稳定，还可用于焊薄板及全位置焊缝。钨极氩弧焊在航空航天、原子能、石油化工、电站锅炉等行业应用较多。

钨极氩弧焊的缺陷是钨棒的电流负载能力有限，焊接电流和电流密度比熔化极弧焊低，焊缝熔深浅，焊接速度低，厚板焊接要采用多道焊和加填充焊丝，生产效率受到影响。

（2）熔化极氩弧焊又称 MIG 焊，用焊丝本身作为电极，相比钨极氩弧焊而言，电流及电流密度大大提高，因而母材熔深大，焊丝熔敷速度快，提高了生产效率，特别适用于中等和厚板铝及铝合金、铜及铜合金、不锈钢以及钛合金焊接，其中脉冲熔化极氩弧焊常用于碳钢的全位置焊。

3．电阻焊

电阻焊是将工件组合后通过电极施加压力，利用电流通过工件的接触面及临近区域产生的电阻热将其加热到熔化或塑性状态，使之形成金属结合的方法。根据接头形式电阻焊可分成点焊、缝焊、凸焊和对焊四种，如图 4.24 所示。与其他焊接方法相比，电阻焊具有以下优点：

（1）不需要填充金属，冶金过程简单，焊接应力及应变小，接头质量高。

（2）操作简单，易实现机械化和自动化，生产效率高。

其缺点是接头质量难以用无损检测方法检验，焊接设备较复杂，一次性投资较高。电阻点焊低碳钢、普通低合金钢、不锈钢、钛及合金材料时可获得优良的焊接接头。电阻焊目前广泛应用于汽车拖拉机、航空航天、电子技术、家用电器、轻工业等行业。

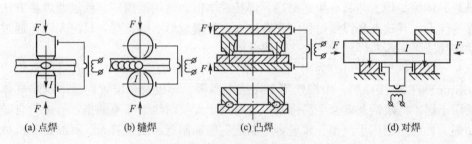

| (a) 点焊 | (b) 缝焊 | (c) 凸焊 | (d) 对焊 |

图 4.24　电阻焊基本方法

4. 电渣焊

它是一种利用电流通过液体熔渣所产生的电阻热加热熔化填充金属和母材，以实现金属焊接的熔化焊接方法。如图 4.25 所示，被焊两工件垂直放置，其间留有 20～40mm 间隙，电流通过焊丝与工件之间熔化的焊剂形成的渣池，产生电阻热加热熔化焊丝和工件，在渣池下部形成金属熔池。在焊接过程中，焊丝以一定速度熔化，金属熔池和渣池逐渐上升，远离热源的底部液体金属则渐渐冷却凝固结晶形成焊缝。渣池保护金属熔池不被空气污染，水冷成形滑块与工件端面构成空腔挡住熔池和渣池，保证熔池金属凝固成形。与其他熔化焊接方法相比，电渣焊有以下特点：

（1）适用于垂直或接近垂直的位置焊接，此时不易产生气孔和夹渣，焊缝成形条件最好。

（2）厚大焊件能一次焊接完成，生产率高，与开坡口的电弧焊相比，节省焊接材料。

（3）由于渣池对工件有预热作用，焊接含碳量高的金属时冷裂倾向小，但焊缝组织晶粒粗大易造成接头韧度变差，一般焊后应进行正火和回火热处理。

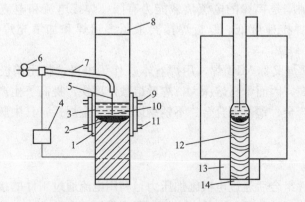

图 4.25　电渣焊过程示意图

1—水冷成形滑块；2—金属熔池；3—渣池；4—焊接电源；5—焊丝；6—送丝轮；7—导电杆；
8—引出板；9—出水管；10—金属熔滴；11—进水管；12—焊缝；13—起焊槽；14—引弧板

电渣焊适用于厚板、大断面、曲面结构的焊接，如火力发电站数百吨的汽轮机转子、锅炉大厚壁高压汽包等。

5. 钎焊

它是利用比被焊工件材料熔点低的金属作为钎料，经过加热使钎料熔化，靠毛细管作用将钎料吸入接头接触面的间隙内，润湿被焊金属表面，使液相与固相之间相互扩散而形成钎焊接头的焊接方法。

钎焊材料包括钎料和钎剂。钎料是钎焊用的填充材料，在钎焊温度下具有良好的湿润性，能充分填充接头间隙，能与焊件材料发生一定的溶解、扩散作用，保证和焊件形成牢固的结合。在钎料的液相线温度高于450℃时，接头强度高，称为硬钎焊；低于450℃时，接头强度低，称为软钎焊。钎料按化学成分可分为锡基、铅基、锌基、银基、铜基、镍基、铝基、镓基等多种。

钎剂的主要作用是去除钎焊零件和液态钎料表面的氧化膜，保护母材和钎料在钎焊过程中不进一步氧化，并改善钎料对焊件表面的湿润性。钎剂种类很多，软钎剂有氯化锌溶液、氯化锌氯化铵溶液、盐酸、松香等，硬钎剂有硼砂、硼酸、氯化物等。

根据热源和加热方法的不同钎焊也可分为：火焰钎焊、感应钎焊、炉中钎焊、浸沾钎焊、电阻钎焊等。钎焊具有以下优点：

(1) 钎焊时由于加热温度低，对工件材料的性能影响较小，焊接的应力变形比较小。

(2) 可以用于焊接碳钢、不锈钢、高合金钢、铝、铜等金属材料，也可以用于连接异种金属、金属与非金属。

(3) 可一次完成多个零件的钎焊，生产率高。

钎焊的缺点是接头的强度一般比较低，耐热能力较差，适于焊接承受载荷不大和常温下工作的接头。另外钎焊之前对焊件表面的清理和装配要求比较高。

4.5　焊接质量及分析

1. 焊接变形

焊接时，工件处于局部不均匀的加热中，就会导致各部分材料的膨胀和收缩不一致，在焊件内产生应力导致变形。焊接变形的基本形式有：收缩变形、角变形、弯曲变形、扭曲变形和波浪变形等。不同形式的变形如图4.26所示。

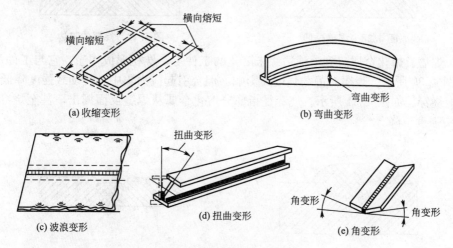

图4.26　焊接变形的基本形式

焊接变形不仅影响焊接质量，也使制造成本增加，应加以控制和防止。其影响因素来源于结构设计和制造工艺。

（1）设计上应合理选择具有一定截面积的板材或型材和合理的结构，以提高刚度；在保证强度的条件下，尽可能减少焊缝的数量和尺寸。

（2）制造工艺方面主要的措施有：①反变形法。②刚性固定法。③选用能量集中的焊接方法。④合理的焊接顺序及方向。⑤对称焊接。⑥焊前预热，对已经产生的变形，可进行矫正。主要的方法有机械矫正和火焰矫正两种。

2. 焊接缺陷

焊接时，因工艺不合理或操作不当，往往会在焊接接头处产生缺陷。采用的焊接方法不同，产生的缺陷也各不相同。熔化焊常见的缺陷有：焊缝外形与尺寸不符合要求，咬边、焊瘤、未焊透、夹渣、气孔、裂纹等。

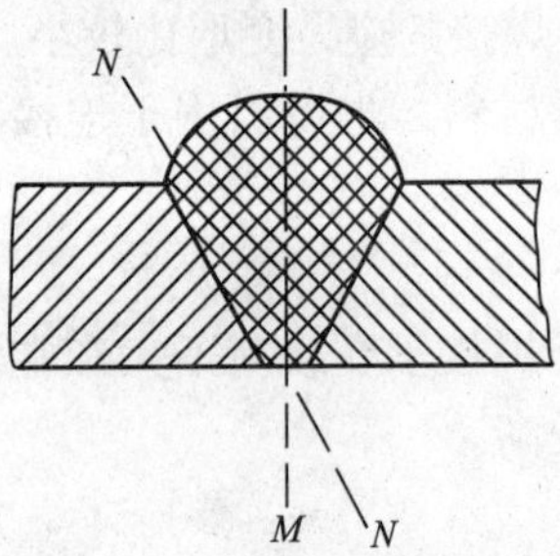

1）外部缺陷

此类缺陷主要存在于焊缝的外表，肉眼就能发现，并可及时补焊。如果操作熟练，一般是可以避免的。

（1）焊缝增高。如图4.27所示，当焊接坡口的角度开得太小或焊接电流过小时，均会出现这种现象。焊件焊缝的危险平面已从M-M平面过渡到熔合区的N-N平面，由于应力集中易发生破坏，因此，为提高压力容器的疲劳寿命，要求将焊缝的增高铲平。

（2）焊缝过凹。如图4.28所示，因焊缝工作截面的减小而使接头处的强度降低。

图 4.27 焊缝增高

（3）焊缝咬边。在工件上沿焊缝边缘所形成的凹陷叫咬边，如图4.29所示。它不仅减少了接头工作截面，而且在咬边处造成严重的应力集中。

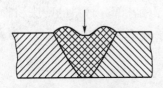

图 4.28 焊缝过凹

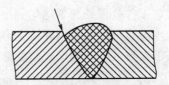

图 4.29 焊缝的咬边

（4）焊瘤。熔化金属流到溶池边缘未溶化的工件上，堆积形成焊瘤，它与工件没有熔合，如图4.30所示。焊瘤对静载强度无影响，但会引起应力集中，使动载强度降低。

（5）烧穿。如图4.31所示。烧穿是指部分熔化金属从焊缝反面漏出，甚至烧穿成洞，它使接头强度下降。

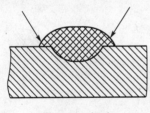

图 4.30 焊瘤

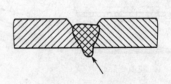

图 4.31 烧穿

2) 内部缺陷

此类缺陷主要存在于焊缝的内部，肉眼无法发现，只有借助于一定的检测设备和仪器才能确定，它对产品质量影响极大。

(1) 未焊透。它是指工件与焊缝金属或焊缝层间局部未熔合的一种缺陷。未焊透减小了焊缝工作截面，造成应力集中，大大降低接头强度，它往往是焊缝开裂的根源。

(2) 夹渣。它是指焊缝中夹有非金属熔渣。夹渣减少了焊缝工作截面，造成应力集中，降低焊缝强度和冲击韧性。

(3) 气孔。焊缝金属在高温时，吸收了过多的气体(如 H_2)或由于溶池内部冶金反应产生的气体(如 CO)在溶池冷却凝固时来不及排出，而在焊缝内部或表面形成孔穴，即为气孔。它的存在减少了焊缝有效工作截面，降低接头的机械强度。若有穿透性或连续性气孔存在，会严重影响焊件的密封性。

(4) 裂纹。焊接过程中或焊接以后，在焊接接头区域内所出现的金属局部破裂叫裂纹。裂纹可能产生在焊缝上，也可能产生在焊缝两侧的热影响区。有时产生在金属表面，有时产生在金属内部。通常按照裂纹产生的机理不同，可分为热裂纹和冷裂纹。

① 热裂纹是在焊缝金属中由液态到固态的结晶过程中产生的，大多产生在焊缝金属中。其产生原因主要是焊缝中存在低熔点物质(如 FeS，熔点 1193℃)，它削弱了晶粒间的结合力，当受到较大的焊接应力作用时，极易在晶粒之间引起破裂。当焊件及焊条内含 S、Cu 等杂质较多时，更易产生这类裂纹。它一般沿晶界分布，当裂纹贯穿表面与外界相通时，则具有明显的氢化倾向。

② 冷裂纹是在焊后冷却过程中产生的，大多产生在基体金属或基体金属与焊缝交界的熔合线上。其产生的主要原因是由于热影响区或焊缝内形成了淬火组织，在高应力作用下，引起晶粒内部的破裂，焊接含碳量较高或合金元素较多的易淬火钢材时，最易产生此类裂纹。尤其是焊缝中熔入过多的氢时，表现得更为明显。

裂纹是最危险的一种缺陷，它除了减少承载截面之外，还会产生严重的应力集中，在使用中裂纹会逐渐扩大，最后可能导致构件的破坏。所以焊接结构中一般不允许存在这种缺陷，一经发现须铲除重焊。

3. 焊接质量检验

对焊接接头进行必要的检验是保证焊接质量的重要措施。因此，工件焊完后应根据产品技术要求对焊缝进行相应的检验，凡不符合技术要求所允许的缺陷，需及时进行返修。它包括外观检查、无损探伤和机械性能试验。在检验过程中，各种检测互相补充，无损探伤是焊缝质量检验的最主要手段。

(1) 外观检查。它一般以肉眼观察为主，有时用 5～20 倍的放大镜进行观察。通过外观检查，可发现焊缝表面缺陷，如咬边、焊瘤、表面裂纹、气孔、夹渣及焊穿等。焊缝的外形尺寸还可采用焊口检测器或样板进行测量。

(2) 无损探伤。主要用于隐藏在焊缝内部的夹渣、气孔、裂纹等缺陷的检验。目前使用最普遍的检测方法就是采用 X 射线检验、超声波探伤和磁力探伤。其中 X 射线检验是利用 X 射线对焊缝照相，根据底片影像来判断内部有无缺陷、缺陷多少和类型。再根据产品技术要求评定焊缝是否合格。超声波探伤的基本原理如图 4.32 所示。

当超声波探头发出的超声波束在金属内部传播遇到缺陷界面时，将会折射。若焊缝中

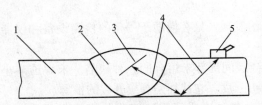

图 4.32 超声波探伤原理示意图
1—工件；2—焊缝；3—缺陷；
4—超声波束；5—探头

存在焊接缺陷，荧光屏就会出现反正常波，通过比较、鉴别，便可确定缺陷的大小及位置。因超声波探伤比 X 光照相简便，应用最为广泛。值得注意的是：超声波探伤往往需要凭操作者经验来判定，检验根据不能保留。

对于离焊缝表面不深的内部缺陷和表面极微小的裂纹，可采用磁粉探伤来检测。

（3）水压试验和气压试验。对于密封性要求高的受压容器，须进行水压试验和（或）气压试验，以检查焊缝的密封性和承压能力。其方法是向容器内注入 1.25～1.5 倍工作压力的清水或等工作压力的气体（多数用空气），停压一段的时间后，观察容器内的压力下降情况，并观察其外部有无渗漏。

（4）焊接试板的机械性能试验。无损探伤可发现焊缝内在的缺陷，但不能说明焊缝热影响区金属的机械性能如何，有时应对焊接接头作拉力、冲击、弯曲等试验。此类试验由试验试样来完成。所用试样最好与纵缝一起焊，以保证施工条件一致。实际生产中，一般只对新钢种的焊接接头才进行此类试验。

4.6 安全技术规范

1. 电弧焊

（1）使用焊机前，应对焊接岗位进行检查，不得有易燃易爆物品；检查电气线路是否完好，机壳接地及焊钳绝缘是否正常。

（2）闭合闸刀开关时，不可面对闸刀，应站立在闸刀侧面，并一次推进到位，再启动焊机。

（3）焊接操作时，必须戴好防护面罩，不得用气焊眼睛代替，未戴防护面罩，在 14m 内不可直视电弧光，以免伤害眼睛。

（4）焊接操作时，必须佩戴防护手套，不得让皮肤裸露，以免灼伤皮肤。

（5）进行焊接操作时，禁止调节电焊机电流或拉开配电开关闸刀，以免烧毁焊机或闸刀。

（6）焊钳不得放在焊过的工件及工作台上，以免发生短路而烧毁工具。

（7）不得用手去直接拿焊过的工件及焊条残头，清除熔渣时，应注意防止溶液烫伤面部和飞入眼内。

（8）不得用电焊手套代替钢丝刷揩擦工件和清除熔渣。

（9）不得自行搬动电焊机或打开焊机外罩。

（10）不论发生任何故障或事故时，不得慌乱，应先拉下闸刀断电，并及时报告实习指导师傅。

2. 气焊及气割

（1）严禁随便移动氧气瓶及乙炔发生器，不得自行拆卸气路上的接头和氧气瓶上的减压器等。

（2）操作前，应检查氧气和乙炔气路是否有漏气现象，检查无误后方可开始工作。

（3）操作时须戴防护眼镜，不得戴纱手套或粘有油脂的手套，不得用拿焊炬(割炬)的手移动工件。

（4）不得让氧气或乙炔皮管接近火焰或炽热工件，严禁脚踏或重物压在皮管上，皮管不得过度弯折。

（5）严禁让油脂或带有油脂的棉纱、手套、扳手等与焊炬、割炬、氧气瓶、减压器等接触。

（6）引火时，先轻微打开氧气阀门，再开乙炔阀门，只许用火柴或打火器等来点火，严禁将喷嘴对准他人或易燃物品。

（7）如发现火焰突然回缩并听到"嘘"声，即为"回火现象"，此时应立即关闭焊炬(割炬)的乙炔及氧气阀门。

（8）乙炔发生器、回火防止器、氧气瓶应避免碰撞和剧烈振动，夏季应严禁日光曝晒，冬季应防止冻结，严禁靠近热源和用火烘烤，乙炔发生器附近禁止吸烟和有明火。

（9）不得将氧气瓶内的氧气全部用完，最少留 1～2 表压，以便再装氧气时吹除灰尘和避免空气混入。

（10）操作结束时，应先关乙炔再关紧氧气阀门，停止气割时应先关切割氧阀门，拧紧减压器的调节螺钉，整理好所用工具，打扫操作现场。

第5章 钳工

5.1 概述

1. 钳工的特点及应用

钳工是手持工具对工件进行切削加工、装配和划线等操作的一种工艺方法，是技术工艺比较复杂、加工程序细致、工艺要求高的工种。它具有使用工具简单、加工多样灵活、操纵方便和适应面广等特点。其包括划线、錾削、锯切、锉削、钻孔、扩孔、锪孔、铰孔、攻螺纹、套螺纹、装配、刮削、研磨、矫正和弯曲、铆接、粘接、测量以及作标记等，对工人的技术要求高，劳动强度大，到目前为止，它仍然是机械制造和产品维修中不可缺少的重要工种，原因如下：

（1）在单件或小批生产中，毛坯在进行切削加工前，均需按图纸技术要求划线。

（2）工件在装配成机器之前，进行必要的钻孔、铰孔、攻丝等作业。

（3）互换配合的零件，须由钳工来进行修配及小批量零件的加工。

（4）整机产品装配过程的始终，均需钳工来完成装配、调试、试验及试车等工作。

（5）机械设备使用过程中，调试和维修均离不开钳工。

2. 钳工常用的设备和工具

钳工常用的设备有：钳工工作台、台虎钳、砂轮机、钻床、手电钻等。常用的手用工具有划线盘、錾子、手锯、锉刀、刮刀、扳手、螺钉旋具、锤子等。

（1）钳工工作台。它又简称钳台，用于安装台虎钳，进行各种钳工操作。具体形式有单人使用和多人使用方式，常用硬质木材或钢材做成。工作台要求平稳、结实，台面高度一般以装上台虎钳后钳口高度恰好与人手肘齐平为宜，如图 5.1 所示。

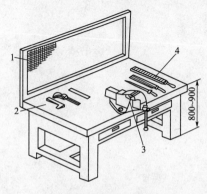

图 5.1 钳工工作台

1—防护网；2—量具；

3—台虎钳；4—钳工锉

（2）台虎钳。它是钳工最常用的一种夹持工件的工具。钳工所进行的凿切、锯割、锉削以及其他操作均应在其上来完成。钳工常用的台虎钳有固定式和回转式两种，图 5.2 所示为回转式台虎钳。台虎钳主体采用铸铁材料，分为固定和活动两部分。固定部分由转盘锁紧螺钉固定在转盘座上，转盘座内装有夹紧盘，放松转盘锁紧手柄；固定部分能在转盘座上转动，来实现台虎钳转向，满足不同方位的操作要求。转盘座由螺钉固定在钳台上。连接手柄的螺杆通过活动部分旋入固定部分上的螺母内。扳动手柄使螺杆在螺母中往复运动来带动活动部分移动，实现钳口张开或合拢，满足装卸工件操作的需要。

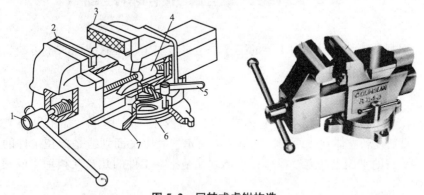

图 5.2　回转式虎钳构造

1—丝杠工件；2—活动钳口；3—固定钳口；4—螺母；

5—夹紧手柄；6—夹紧盘；7—转盘座

为了延长台虎钳的使用寿命，其上端钳口处采用淬硬的钢来制造。钳口工作面加工成斜形齿纹，以保证工件夹紧时不滑动。当用其夹持工件已经过精加工的表面时，应在钳口和工件间垫紫铜片或铝片等软材料（俗称软钳口），以免夹坏工件已加工表面。台虎钳规格是以钳口的宽度来表示，一般为 100～150mm。

（3）钻床。它是用于孔加工的一种设备，其规格以可加工孔的最大直径来表示。最常用是台式钻床（简称台钻），如图 5.3（a）所示。这类钻床小型轻便，安装在台面上使用，

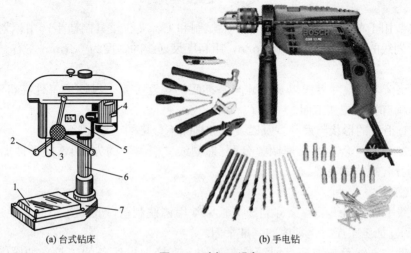

（a）台式钻床　　　　　　　　　（b）手电钻

图 5.3　孔加工设备

1—工作台；2—进给手柄；3—主轴；4—带罩；5—电动机；6—主轴架；7—立柱

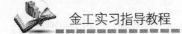

操作方便且转速高，适于加工中、小型工件上孔径小于 16 mm 的小孔。

（4）手电钻。如图 5.3(b)所示为手电钻的外观图。它主要用于钻孔径小于 12 mm 的孔。常用于不便使用钻床钻孔的场合。手电钻的电源有单相（220V、36V）和三相（380V）。根据用电安全条例规定手电钻额定电压只允许 36V。手电钻携带方便，操作简单，使用灵活，应用较广泛。

5.2　划线、锯削、錾削和锉削

划线、锯削及锉削是钳工中主要的工序，是机械加工、维修装配时不可缺少的钳工基本操作。

1. 划线

划线是操作者根据图样要求在毛坯或半成品上划出加工图形、加工界限或加工找正线。它分平面划线和立体划线两种，如图 5.4 所示。其中平面划线是指在工件的某一平面或几个互相平行的平面上的划线操作；立体划线是指在工件的几个互相垂直或倾斜平面上的划线操作。

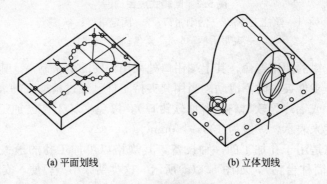

(a) 平面划线　　　　　　　　　(b) 立体划线

图 5.4　划线的种类

划线多数用于单件、小批生产，新产品试制和工、夹、模具制造生产中。划线精度较低；用划针划线的精度为 0.25～0.5mm，用高度尺划线的精度为 0.1mm 左右。划线的目的如下：

（1）划出清晰的尺寸界线以及尺寸与基准间的相互关系，以便于工件在机床上找正、定位，并明确有关机械加工面。

（2）检查毛坯的形状与尺寸，及时发现和剔除不合格的毛坯。

（3）通过对加工余量的合理调整分配（即划线"借料"的方法），使零件加工符合要求，挽救部分有缺陷的毛坯。

1) 划线工具

（1）划线平台。划线平台又称划线平板，常用铸铁制造，其工作平面需经过精刨（或铣、磨）或刮削加工工序，是划线的基准平面。

（2）划针、划线盘与划规。划针是在工件上直接划出线条的工具，如图 5.5 所示，其工作部分采用工具钢淬硬或焊接硬质合金磨锐形成尖端。弯头划针常用于直线划针划不到的部位和找正工件。值得注意的是：在使用划针划线时，必须使针尖紧贴钢直尺或样板。

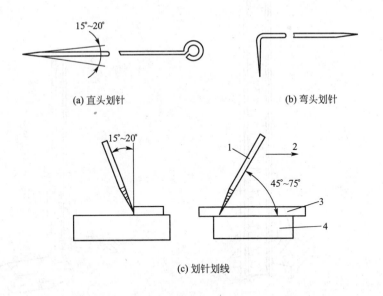

图 5.5 划针
1—划针；2—划线方向；3—钢直尺；4—工件

如图 5.6 所示为划线盘，它的直针尖端采用硬质合金，用来划与针盘平行的直线。另一端弯头针尖用来找正零件。常用划规如图 5.7 所示，常用其在毛坯或半成品上划圆。

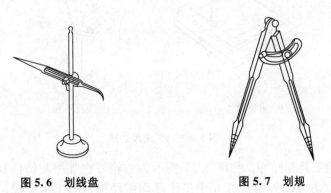

图 5.6 划线盘   图 5.7 划规

（3）量高尺、高度游标尺与直角尺。如图 5.8 所示为量高尺，它是用来校核划针盘划针高度的量具，使用时应使其上的钢尺零线与平台贴紧。如图 5.9 所示为高度游标尺，它实际上是量高尺与划针盘的组合，只是将划线脚与游标连成一体，前端镶有硬质合金，一般用于已加工面的划线。如图 5.10 所示为直角尺（90°角尺），又简称角尺，其两工作面须经精磨或研磨成精确直角。它既是划线工具又是精密量具，有扁 90°角尺和宽座 90°角尺两种。前者用于划没有基准面的工件上位于同一平面内互相垂直的线；后者用于立体划线，可用它的度量基准面靠紧工件基准面来划空间相互垂直的线，有时也用它来找正工件的垂直线或垂直面。

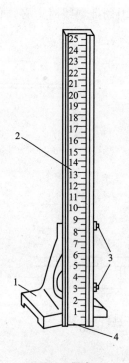

图 5.8　量高尺

1—底座；2—钢直尺；3—锁紧螺钉；4—零线

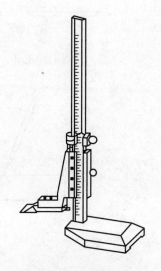

图 5.9　高度游标尺

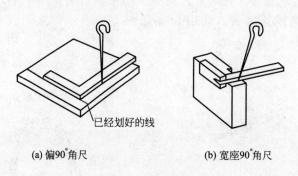

已经划好的线

(a) 偏90°角尺　　　　　　　　(b) 宽座90°角尺

图 5.10　90°角尺划线

　　（4）支承用的工具和样冲。如图 5.11 所示为方箱，它常用灰铸铁材料加工而成，常为空心长方体或立方体的外形。其 6 个工作面均需经精密加工来完成，相对平面互相平行，相邻平面互相垂直。主要用于工件划线的支承基准。如图 5.12 所示为 V 形块，主要用于安放轴、套筒等圆形工件。一般 V 形铁均须成对使用，制造时安装平面与 V 形槽面应在一次安装中加工出来。V 形槽夹角有 90°或 120°，它也可当方箱使用。如图 5.13 所示为千斤顶，常用于毛坯或形状复杂的大件划线的支承，使用时，三个一组，调整顶杆高度来找正工件。

　　如图 5.14 所示为样冲，它用工具钢经淬硬制成。样冲用于在已划好的线条上打出小而均匀的样冲眼，以免工件上已划好的线在搬运、装夹过程中因碰、擦而模糊不清，影响加工，造成废品。

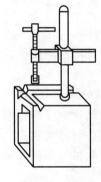

图 5.11　方箱

图 5.12　V 形铁

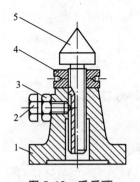

图 5.13　千斤顶

1—底座；2—导向螺钉；3—锁紧
螺母；4—圆螺母；5—顶杆

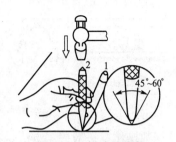

图 5.14　样冲及使用

1—对准位置；2—打样冲眼

2)划线方法与步骤

(1)平面划线方法与步骤。其实质是平面几何作图，它是用划线工具将图样按实物大小 1∶1 在毛坯上划出实体形面的线，具体方法是：

① 研究图纸，依据图样技术要求，选择划线基准。

② 做好划线前的准备工作，主要有：清理、检查、涂色、安装毛坯孔中的辅助中心塞块等。其中涂色是指在毛坯上须划线部位涂上一层薄而均匀的涂料，以保证划出的线条清晰可见。值得注意的是：毛坯不同，选用的涂料也应不同。一般铸、锻毛坯应选用石灰水为涂料，小毛坯可选用粉笔来涂色，钢铁半成品一般选用龙胆紫(也称"兰油")或硫酸铜溶液来涂色，铝、铜等有色金属的半成品可选用龙胆紫或墨汁涂料来涂色。

③ 划出加工面的界限线(直线、圆及连接圆弧)。

④ 在划出的线上打样冲眼，确保所划线的长久。

(2) 立体划线方法与步骤。它是平面划线的综合运用。它和平面划线有许多相同之处，当划线基准确定以后，其划线步骤大致相同。不同之处对于一般平面划线应选择两个基准，而立体划线须选择三个基准。

3) 划线注意事项

划线的注意事项如下：

(1) 工件支承要稳定，以防工件滑倒和移动。

(2) 在一次支承中，应把需划出的所有平行线划齐，以免再次支承补划，造成累积误差。

（3）应正确使用划针、划线盘及直角尺等划线工具，以免产生附加误差。

2．锯削

锯削是用手锯对原材料和工件进行切割或在其上开沟槽的操作。

1）手锯

如图 5.15 所示，手锯由锯弓和锯条组成，其中锯弓有固定式和可调式两种；锯条一般选用工具钢或合金钢材料，须经过淬火和低温回火处理来获得锯削切削的性能，其规格用锯条两端安装孔之间的距离表示，并依据齿距的大小可分为粗齿、中齿、细齿三种，齿距按一定规律错开排列形成锯路。粗齿锯条用于锯削软材料和截面较大的工件。细齿锯条用于锯削硬材料和薄壁工件。

2）锯削操作要领

（1）锯条安装。如图 5.15 所示，在锯条安装时，锯齿方向应与手柄方向相反，即与锯削方向一致，锯条绷紧程度要适当。

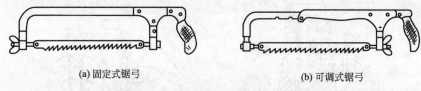

（a）固定式锯弓　　　　　　　　　　（b）可调式锯弓

图 5.15　手锯

（2）握锯及锯削操作。一般握锯方法是右手握稳锯柄，左手轻扶弓架前端。锯削时站立位置如图 5.16 所示。锯削时，推力和压力由右手控制，左手压力不可过大，应配合右手扶正锯弓，锯弓向前推出时加压力，回程时不加压力，在工件上轻轻滑过。锯削往复运动速度应控制在 40 次/min 左右。锯削时，最好使锯条全部长度参加切削，一般锯弓的往返长度不应小于锯条长度的 2/3。

（3）起锯。起锯是指锯条开始切入工件。其中如图 5.17（a）所示为近起锯方式，如图 5.17（b）所示为远起锯方式。起锯时要用左手拇指指甲挡住锯条，起锯角约为 15°。锯弓往复行程要短，压力要轻，锯条应与工件表面垂直，当起锯槽深达到 2～3mm 时，便可结束，此时应逐渐将锯弓转换至水平方向进行正常锯削。

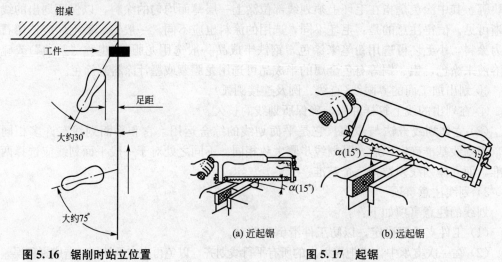

图 5.16　锯削时站立位置　　　　**图 5.17　起锯**

3. 錾削

它是用手锤锤击錾子，对金属进行切削加工的一种操作方法。錾削可以加工平面、沟槽、錾断金属及清理铸、锻件上的毛刺等。每次錾削金属层的厚度为 0.5～2mm。

1）錾削工具

(1) 錾子。錾子一般选用碳素工具钢，刃部须淬火和回火处理。其形状应根据錾削工件的需要来制作。常用的錾子有平錾（又称扁錾）和窄錾，如图 5.18 所示。其中平錾用于錾平面和錾断金属，刃宽一般为 10～15mm；窄錾用于錾断沟槽，刃宽约为 5mm。錾子全长为 125～150mm。

(2) 手锤。錾削用的手锤的锤头用碳钢淬硬而成，其大小用锤头的重量来表示，常用的约 0.5kg，手锤的全长约为 300mm。

2）錾削操作

(1) 錾削角度选择。它主要是指确定錾子楔角 β 和錾削时后角 α 的大小，楔角 β 越小，錾子刃口越锋利，但錾刃强度较差，錾削时刃口容易崩裂；楔角 β 越大，刃口强度虽好，但錾削阻力很大，錾削困难。所以錾子 β 角应在强度允许的情况下尽量选小值。楔角 β 主要根据工件材料软硬来选择。根据经验，錾硬材料（如铸铁）时 $\beta=60°\sim 70°$；錾一般碳素结构钢和合金结构钢时，取 $\beta=50°\sim 60°$；錾软金属（如低碳钢）时，取 $\beta=30°\sim 50°$。

錾削时后角 α 太大，会使錾子切入工件太深，錾不动，甚至损坏錾子刃口；若后角 α 太小，由于錾削方向太平，錾子就会向上打滑，使切削层逐渐变薄，錾子容易从切削表面滑出。錾削层的厚薄是确定后角 α 大小的主要因素，錾削层越厚，α 角越小（α 约为 3°～5°），如图 5.19(a) 所示。以免啃入工件；细錾时，如图 5.19(b) 所示，α 角应大些，以免錾子滑出。

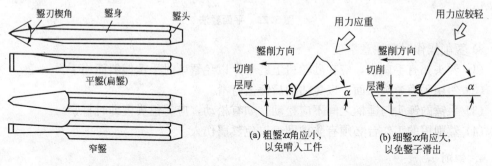

图 5.18 平錾与窄錾 　　　　　图 5.19 保持錾平的方法

(2) 操作方法。起錾时刃口要贴住工件，錾子头部略向下倾斜如图 5.20 所示，轻打錾子，待开錾成一小斜面后，再恢复为正常錾削位置，开始錾切。经如此起錾，能正确掌握加工余量。

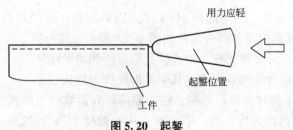

图 5.20 起錾

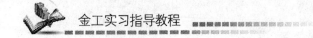

当錾削到靠近工件加工终点时，应调转工件，从另一端轻轻錾掉剩余部分，以免工件棱角损坏，如图 5.21 所示。

若要保持錾削面平整，在錾削时，应握稳錾子使后角 α 不变；锤击錾子的力不可忽大忽小；锤击力的作用线与錾子中心线一致。

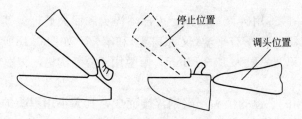

图 5.21 錾出时情形

若錾削大平面，应先用窄錾开槽，如图 5.22(a)所示，然后再用平錾錾平如图 5.22(b)所示。为了易于錾削，平錾錾刃应与前进方向成 45°。

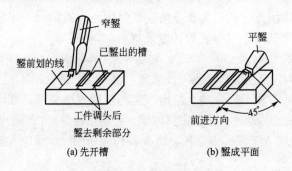

(a) 先开槽   (b) 錾成平面

图 5.22 平面錾法

3）錾削操作时应注意事项

（1）錾头如有毛刺边，应在砂轮机上磨平，以免錾削时手锤偏斜而伤手。

（2）勿用手摸錾头端面，以免沾油后锤击打滑。

（3）手锤的锤头与锤柄之间不应松动。如有松动，应将锤头楔即时打紧。

（4）錾削用的工作台必须有防护网，以免錾屑伤人。

4. 锉削

锉削是指用锉刀从工件表面去除掉多余的金属层，使工件达到图样要求的尺寸、形状和表面粗糙度的操作。锉削加工包括平面、台阶面、角度面、曲面、沟槽和各种形状的孔等。

1）锉刀

它是锉削的主要工具，采用高碳钢（T12、T13）材料，须经热处理淬硬至 62HRC～67HRC 方可使用。其构造及各部分名称如图 5.23 所示。其分类方法如下：

（1）按锉齿的大小分为粗齿锉、中齿锉、细齿锉和油光锉等。

（2）按齿纹分为单齿纹和双齿纹。其中单齿纹锉刀的齿纹呈一个方向分布，与锉刀中心线成 70°，一般用于锉软金属，如铜、锡、铅等；双齿纹锉刀的齿纹呈两互相交错的方向排列，先加工出的齿纹为底齿纹，它与锉刀中心线呈 45°，齿纹间距较疏；后加工的齿纹为面齿纹，它与锉刀中心线呈 65°，间距较密。由于底齿纹和面齿纹的角度及间距疏密不同，从而保证在锉削时锉痕不重叠，锉出的面平整且光滑。

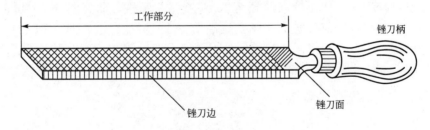

图 5.23 锉刀

（3）按断面形状，如图 5.24(a)所示可分成：板锉（又叫平锉），主要用于锉削平面、外圆和凸圆弧面；方锉，主要用于锉削平面和方孔；三角锉，主要用于锉削平面、方孔及60°以上的锐角；圆锉，主要用于锉削圆和内弧面；半圆锉，主要用于锉削平面、内弧面和大的圆孔。如图 5.24(b)所示为特种锉刀，主要用于加工各种工件的特殊表面。其中"什锦"锉刀就是特种锉刀的一类，它由多把各种形状的特种锉刀所组成，常用于修锉小型工件及模具上难以机械加工的部位。普通锉刀的规格一般是用锉刀的长度、齿纹类别和锉刀断面形状表示的。

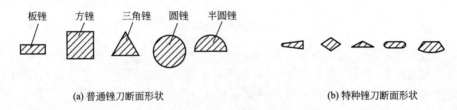

(a) 普通锉刀断面形状　　　　　　　　　　　(b) 特种锉刀断面形状

图 5.24 锉刀断面形状

2）锉削操作方法

（1）握锉。由于锉刀的种类较多，规格、大小不一，使用场合也不同，故锉刀握法也应与之相适应，如图 5.25(a)所示为大锉刀的握法。如图 5.25(b)所示为中、小锉刀的握法。

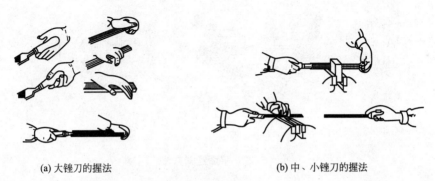

(a) 大锉刀的握法　　　　　　　　　　　(b) 中、小锉刀的握法

图 5.25 握锉

（2）锉削姿势。锉削时人的站立位置与锯削相似，参阅图 5.16。锉削操作姿势如

图 5.26所示，身体重心应放在左脚，右膝弓直，双脚站稳不动，靠左膝的屈伸作往复运动。操作开始时，身体应向前倾斜 10°左右，右肘尽可能向后收缩如图 5.26(a)所示。在最初三分之一行程，身体应逐渐前倾至 15°左右，左膝稍弯曲如图 5.26(b)所示。其次三分之一行程，右肘向前推进，身体要逐渐前倾至 18°左右，如图 5.26(c)所示。最后三分之一行程，用右手腕将锉刀推进，身体随锉刀向前推的同时自然后退至 15°左右的位置，如图 5.26(d)所示，锉削行程结束后，应将锉刀略微提起，身体姿势恢复成起始位置。

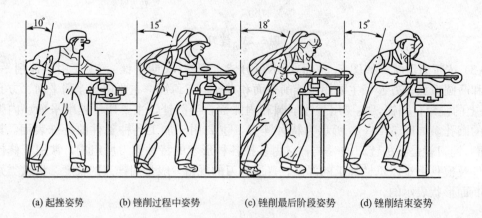

(a) 起挫姿势　　(b) 锉削过程中姿势　　(c) 锉削最后阶段姿势　　(d) 锉削结束姿势

图 5.26　锉削姿势

在锉削过程中，两手用力也是在不断变化的。开始时，左手压力大推力小，右手压力小推力大。随着推锉继续，左手压力逐渐减小，右手压力逐渐增大。锉刀回程时不可加压，以降低锉齿的磨损。锉刀往复运动速度一般为 30～40 次/min，应慢推快回。

(3)锉削方法。如图 5.27 所示为平面锉削方法。其中如图 5.27(a)所示为顺向锉法，如图 5.27(b)所示为交叉锉法，如图 5.27(c)所示为推锉法，在锉削平面时，锉刀应按一定方向进行，并在回程时稍将锉刀平移，来逐步将整个面锉平。

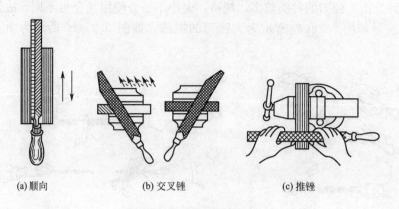

(a) 顺向　　　　(b) 交叉锉　　　　(c) 推锉

图 5.27　平面锉削方法

如图 5.28 所示为采用平锉锉削外圆弧面操作，其中如图 5.28(a)所示为顺锉法，即横着圆弧方向锉，可锉成接近圆弧的多棱形，它适用于曲面的粗加工；如图 5.28(b)所示为滚锉法，锉刀向前锉削时右手下压，左手随着上提，使锉刀沿工件圆弧转动。

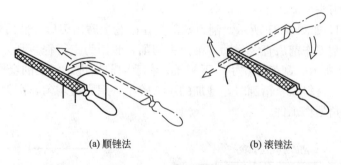

(a) 顺锉法   (b) 滚锉法

图 5.28　圆弧面锉削方法

3）检验工具及其使用

检验工具主要有：刀口形直尺、90°角尺、游标角度尺等。刀口形直尺、90°角尺可检验工件的直线度、平面度及垂直度。下面介绍用刀口形直尺检验工件平面度的方法。

（1）将刀口形直尺垂直紧靠在工件表面，并按纵向、横向和对角线方向逐次检查，如图 5.29 所示。

（2）在检验时，若刀口形直尺与工件平面透光微弱且均匀，则该工件平面度合格；若透光强弱不一，则说明该工件平面凹凸不平。可在刀口形直尺与工件的接触面上插入塞尺，依据塞尺厚度来确定平面度误差，如图 5.30 所示。

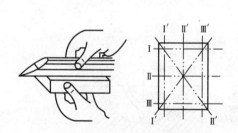

图 5.29　用刀口形直尺检验平面度

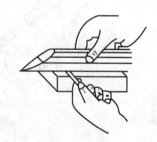

图 5.30　用塞尺测量平面度误差值

5.3　刮　　削

刮削是用刮刀刮去很薄的一层金属的操作。刮削一般均安排在机械加工(车、铣或刨)后进行。经刮削后表面平直，粗糙度可达 $Ra1.6\sim0.8\mu m$，属于精加工。对于工件上要求有互相配合的滑动表面，如机床导轨、滑动的轴承等，只有经过刮削，才能保证其均匀接触、提高配合精度。

刮削是提高工件间配合精度的有效方法；它可使相互配合表面形成存油空隙，减少摩擦阻力。刮削时，对工件有切削作用，同时也有压光作用，可改善表面质量，提高工件的耐磨性。刮削还可使工件表面美观。刮削在机械制造和修理中占有重要的地位。但其缺点是生产率低，劳动强度大。

1. 刮刀

刮刀的常用材料为碳素工具钢或轴承钢。刮削硬金属时，也可采用焊接式，即在本体上焊接硬质合金刀头。

(1)平面刮刀。如图5.31所示,刮刀端部先在砂轮上磨出刃口,然后用油石磨光。

刮平面时,刮刀作前后直线运动,推出去切削,收回为空行程。刮刀与所刮表面所成的角度如图5.32所示。刮削时左手向下施压,右手向前推进。较硬的金属工件及粗刮时,施加的压力较大;材料软及精刮时,施加的压力较小,用力应均匀,刮刀应持稳,以免刮刀刃口两端的棱角划伤工件。

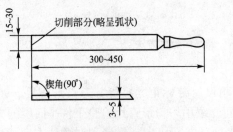

图5.31 平面刮刀

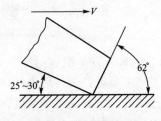

图5.32 刮平面角度

(2)三角刮刀。对某些要求较高的滑动轴瓦,为得到良好的配合要求,需用三角刮刀作曲面刮削,如图5.33所示。

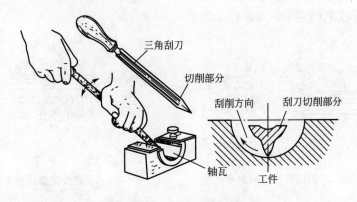

图5.33 用三角刮刀刮削轴瓦

2. 刮削质量的检验

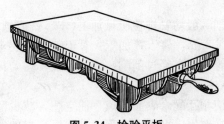

图5.34 检验平板

刮削后的平面可用检验平板来检验。检验平板由铸铁制成,应具备良好的刚度,不得变形,如图5.34所示。检验平板的工作平面须非常平直和光洁。

用检验平板检查工件的方法如下:将检验平板擦净,并均匀地涂上一层很薄的红丹油(红丹粉与机油的混合物),然后将擦净的工件表面与平板稍加压力配研,如图5.35(a)所示。配研后,工件表面上的高点(与平板的贴合点)便因磨去红丹油而显示出亮点来,如图5.35(b)所示。细刮时常将红丹油涂在工件表面上,这样显示点子小,并可避免反光。这种显示高点的方法常称为"研点"。

刮削表面的精度是以25mm×25mm的面积内,均匀分布的贴合点的点数来表示。固定接触面为6～10点；机器台面和量具的接触面为8～15点；平板、直尺和精密机器的导轨为16～24点。

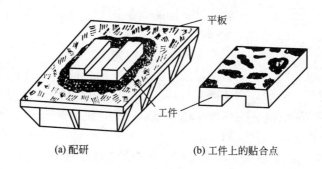

(a) 配研　　　　　　　　(b) 工件上的贴合点

图 5.35　研点

3. 平面刮削

（1）粗刮。若工件表面比较粗糙，应先用刮刀将其全部粗刮一次，使表面较光滑，以免研点时划伤检验平板。

粗刮的方向不能与机械加工留下的刀痕垂直，以免因刮刀颤动而将表面刮出波纹。一般刮削方向与刀痕成45°角，如图5.36所示，每次刮削方向应交叉。

粗刮时，应采用长刮刀，刀口端部要平，刮过的刀痕较宽（10mm以上），行程较长（10～15mm），刮刀痕迹要连成一片，不可重复。机械加工的刀痕刮除后，即可研点，并按显出的高点刮削。当工件表面上贴合点增至每25mm×25mm面积内4～5个点时，可开始细刮。

（2）细刮。细刮就是将粗刮后的高点刮去，使工件表面的贴合点数增加。刮削刀痕宽度6mm左右，长5～10mm，每次均要刮在高点上，存留的高点越少刮去的就越多，存留的高点越多刮去的就越少。应按一定方向进行刮削，在刮削完一遍后，第二遍刮削应与前一次刮削呈45°或60°角方向交叉呈网纹。

（3）精刮。精刮时应选用较短的刮刀，其用力较小，刀痕较短（3～5mm）。经过反复刮削和研点，直到最后达到图纸要求。

（4）刮花。刮花可增加工件表面的美观性，保证良好润滑，并可借刀花的消失来判断平面的磨损程度。一般常见的花纹有：斜纹花纹（即小方块）和鱼鳞花纹等，如图5.37所示。

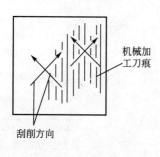

图 5.36　粗刮方向

(a) 斜纹花纹

(b) 鱼鳞花纹

图 5.37　刮花图案

4. 刮削举例

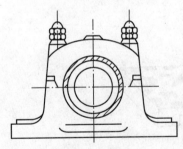

图 5.38　对开轴瓦

剖分轴瓦（即上、下轴瓦）的刮削，以标准轴或配合轴作为基准面，在其上涂显示剂（或红丹油等），将轴装配到孔中，使其转动，以"磨"出高点，如图 5.38 所示。在转动时，应先正转，后反转，并作适当轴向移动，以使显示出的高点准确。通常情况下，最初接触的是位于两瓦口处，如图 5.39（a）所示，刮去瓦口的多余金属，每次刮削量不可过大，反复研点和刮削，直到轴瓦底面有高点显示。

（1）粗刮。上轴瓦和下轴瓦应分别进行，使轴瓦接触面逐渐扩大，直到轴瓦显示出均匀的接触斑点为止，如图 5.39（b）所示。

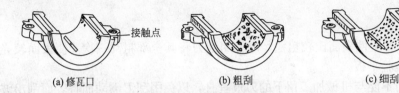

（a）修瓦口　　　　　　　　（b）粗刮　　　　　　　　（c）细刮

图 5.39　轴瓦的刮削

（2）细刮。将轴放入轴瓦内，用改变垫片厚度的方法来调整上、下轴瓦的松紧程度，如 5.39（c）所示。进行轴瓦接触斑点显示，根据显示斑点来进行有针对性刮削。经过反复刮削后，再次调整上、下轴瓦的间隙，使之适当。轴瓦垫片一般不少于三层，以待将来轴瓦磨损后，去掉一层垫片，轴瓦经刮削后，仍可使用。

内孔刮削精度也是以边长 25mm 的正方形内接接触点数来确定。从轴瓦宽度上来看，受力大的部位应刮成密点接触，以减少轴瓦受力部位的磨损。

5.4　孔　加　工

工件上孔的加工，除用车、镗、铣和磨等加工外，钳工也可利用各种钻床和钻孔工具来进行孔的加工，其操作包括钻孔、扩孔和铰孔。

一般来，在孔加工过程中，孔加工刀具均应有两个运动，如图 5.40 所示，它们是刀具绕轴线的旋转运动（箭头 1 所指方向）的主运动，刀具沿着轴线方向对着工件的直线运动（箭头 2 所指方向）的进给运动。

1. 钻孔

它是指用钻头在实心工件进行孔的加工，钻孔尺寸公差等级低，为 IT12～IT11，表面粗糙度大，Ra 值为 $50～12.5\ \mu m$。

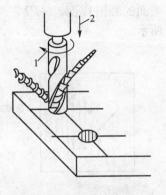

图 5.40　孔加工切削运动
1—主运动；2—进给运动

1) 标准麻花钻组成

如图 5.41 所示为麻花钻，是钻孔的主要刀具。它常用高速钢材料制成，热处理淬硬须至 62HRC～65HRC，由钻柄、颈部和工作部分组成。

(1) 钻柄。它是供装夹和传递动力用，其形状有直柄和锥柄两种：其中直柄传递扭矩较小，用于直径小于 13mm 的钻头；锥柄对中性好，传递扭矩较大，用于直径大于 13mm 的钻头。

(2) 颈部。它指的是位于工作部分和钻柄之间的退刀槽。钻头直径、材料、商标一般刻印在此。

(3) 工作部分。它分成导向部分与切削部分。其中如图 5.41 所示为导向部分，采用高出齿背约 0.5～1 mm 的两螺旋形棱边来（刃带）导向，前大后小，略有倒锥度。倒锥量为（0.03～0.12）mm/100mm，可降低钻头与孔壁间的摩擦。导向部分一般经铣、磨或轧制来形成两条对称的螺旋槽，以供排屑和输送切削液之用。

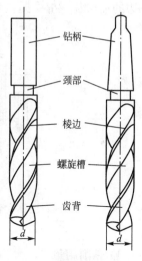

图 5.41 标准麻花钻头组成

2) 工件装夹

如图 5.42 所示，钻孔时工件夹持方法与工件生产批量及孔的加工要求相关。生产批量较大或精度要求较高时，工件一般采用钻模装夹，单件小批生产或加工要求较低时，工件采用通用夹具按划线找正法安装。常用的附件有：手虎钳、平口虎钳、V 形铁和压板螺钉等，具体使用时应按工件形状及孔径大小来选用。

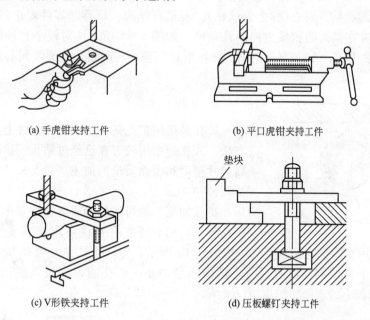

(a) 手虎钳夹持工件   (b) 平口虎钳夹持工件

(c) V 形铁夹持工件   (d) 压板螺钉夹持工件

图 5.42 工件夹持方法

3) 钻头安装

其安装方法应依据其柄部的形状不同而不同。对于锥柄钻头可直接安装到钻床主轴锥孔内，若钻头直径较小可先安装过渡套筒再安装到主轴上，如图 5.43(a) 所示。对于直柄钻头采用钻夹头来安装，如图5.43(b)所示。钻夹头(或过渡套筒)的拆卸是将楔铁插入钻床主轴侧边的扁孔内，左手握住钻夹头，右手用锤子敲击楔铁即可卸下钻夹头，如图5.43（c）所示。

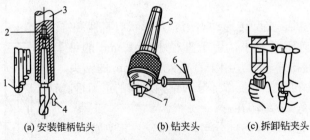

(a) 安装锥柄钻头　　　　(b) 钻夹头　　　　(c) 拆卸钻夹头

图5.43　安装拆卸钻头

1—过渡锥度套筒；2—锥孔；3—钻床主轴；4—安装时将钻头向上推压；
5—锥柄；6—紧固扳手；7—自动定心夹爪

4）钻削用量

它包括钻头的钻削速度(m/min)或转速(r/min)和进给量(钻头每转一周沿轴向移动的距离)，其与钻床功率、钻头强度、钻头耐用度和工件精度等因素有关。只有合理地选择钻削用量，才能有效地提高钻孔生产率、钻孔质量和钻头使用寿命。具体值可查表，也可依据工件材料的软硬、孔径大小及精度要求，凭经验选定。

5）钻孔方法

钻孔前先用样冲在工件孔中心线上打出样冲眼，用钻尖对准样冲眼锪一凹坑，检查凹坑与所划孔的圆线是否同心(称之为试钻)。若稍有偏离，可移动零件对正，若偏离较大，可用尖凿或样冲在偏离的相反方向凿几条槽，如图5.44所示。对较小直径的孔也可在偏离的方向用垫铁垫高再钻。直至钻出的凹坑形状完整，与所划孔的圆线同心或重合方可正式钻孔。

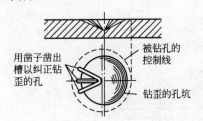

用凿子凿出槽以纠正钻歪的孔　　被钻孔的控制线　　钻歪的孔坑

图5.44　钻孔方法

2. 扩孔与铰孔

扩孔是指用扩孔钻或钻头扩大工件上原有孔的加工方法。铰孔是指用铰刀在已经过钻孔、扩孔的孔进行提高尺寸精度和表面质量的加工。

1）扩孔

扩孔加工一般可采用普通麻花钻来作为扩孔钻进行扩孔加工。但对于扩孔精度要求较高或生产批量较大时，应优先采用专用扩孔钻来扩孔，如图5.45所示。专用扩孔钻一般有3～4条切削刃，其导向性好，不易偏斜，没有横刃，轴向切削力小，扩孔能得到较高的尺寸精度(可达IT10～IT9)和较小的表面粗糙度值(Ra值为6.3～3.2μm)。

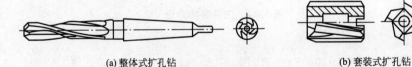

(a) 整体式扩孔钻　　　　　　　(b) 套装式扩孔钻

图5.45　专用扩孔钻

由于扩孔的工作条件比钻孔时好得多，故在相同直径情况下扩孔的进给量可比钻孔大 1.5～2倍。可查表也可按经验选取。

2）铰孔

钳工常用手用铰刀进行铰孔，铰孔精度高（可达 IT8～IT6），表面粗糙度值小（Ra 值为 1.6～0.4μm）。铰孔加工余量小，粗铰 0.15～0.5mm，精铰 0.05～0.25mm。当采用钻孔、扩孔、铰孔的加工工艺方法时，要根据工作性质、工件材料，选用适当的切削液，以降低切削温度，提高加工质量。

（1）铰刀。它是加工孔的精加工刀具，常分为机铰刀和手铰刀，其中机铰刀为锥柄，手铰刀为直柄，如图 5.46 所示为手铰刀。铰刀一般为两支一套，一支为粗铰刀，其刃上开有螺旋形分布的分屑槽，另一支为精铰刀。

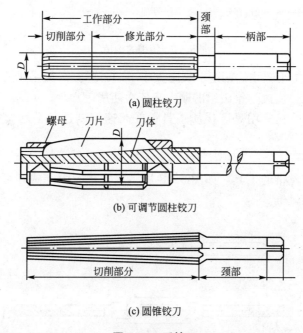

图 5.46 手铰刀

（2）手铰孔方法。将铰刀插入孔内，两手握铰杠手柄，顺时针转动并稍加压力，使铰刀慢慢沿孔轴向进给，此时两手用力应平衡，以保持铰刀在铰削时始终与工件安装面垂直。铰刀退出时，也应边顺时针转动边向工件外拔出。

5.5 螺纹加工

普通的三角牙型螺纹工件，除采用机械加工外，也可用钳工用丝锥来攻制螺纹孔和用板牙来套制外螺纹方法获得。

1. 攻螺纹

1）丝锥

它是用来加工出内螺纹的刀具。

(1) 丝锥的结构。如图 5.47 所示为加工小直径内螺纹的丝锥。它由切削部分、校准部分和柄部组成。其切削部分呈锥形，以便使切削负荷均匀分配到各刀齿上，校准部分加工有完整的齿形，用于校准已切出的螺纹，并引导丝锥沿轴向运动。柄部呈方榫，便于安装及传递扭矩。丝锥切削部分和校准部分一般沿轴向开有 3～4 条容屑槽，并由此形成切削刃和前角 γ，为减轻丝锥校准部分对工件的摩擦和挤压，在切削部分的锥面上铲磨出后角 α，其外、中径均呈锥形。

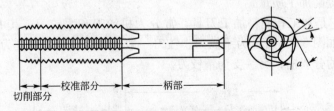

图 5.47　丝锥的构造

(2) 成组丝锥。由于螺纹的精度、螺距大小不同，丝锥一般采用多支成组使用。使用成组丝锥攻螺纹孔时，应按丝锥编组的顺序来依次使用。

(3) 丝锥的材料。它常用高碳优质工具钢或高速钢制造，手用丝锥一般用 T12A 或 9SiCr。

2) 手用丝锥铰手

丝锥铰手是扳转丝锥的工具，如图 5.48 所示。常用有固定式和可调节式，以便夹持各种不同尺寸规格的丝锥。

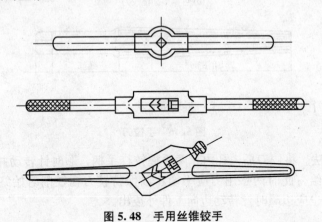

图 5.48　手用丝锥铰手

3) 攻螺纹方法

(1) 攻螺纹前的螺纹底孔孔径 d（钻头直径）应略大于螺纹底径。选用丝锥尺寸可查表，也可按经验公式计算：

对于攻普通螺纹：

当加工钢料及塑性金属时

$$d=D-p \tag{5-1}$$

当加工铸铁及脆性金属时

$$d=D-1.1p \tag{5-2}$$

式中：D 为螺纹基本尺寸，mm；p 为螺距，mm。

若螺纹孔为盲孔，由于丝锥不能攻到底，所以钻孔深度应大于螺纹长度，其尺寸按下式计算：

$$孔的深度＝螺纹长度＋0.7D \qquad (5-3)$$

式中：D 为螺纹基本尺寸，mm。

（2）手工攻螺纹的方法。如图 5.49 所示，双手转动铰手，并轴向加压力，当丝锥切入工件 1～2 牙时，用 90°角尺检查丝锥是否歪斜，若丝锥歪斜，应经纠正后方可继续下攻。当丝锥与螺纹底孔端面垂直，轴向不再加压。两手均匀用力，为避免切屑堵塞，须经常回转丝锥 1/2 圈～1/4 圈，以便断屑。头锥、二锥应依次使用。工件材料为铸铁件上的螺纹时，须加煤油；工件材料为非铸铁件上的螺纹时，须加切削液，以保证达到螺纹齿面的粗糙度要求。

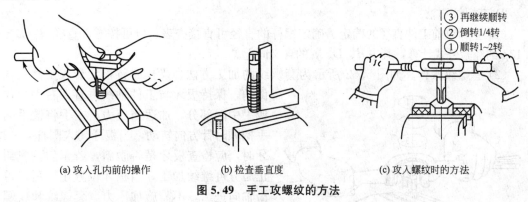

(a) 攻入孔内前的操作　　(b) 检查垂直度　　(c) 攻入螺纹时的方法

图 5.49　手工攻螺纹的方法

2. 套螺纹

1）套螺纹的工具

套螺纹是用板牙在圆柱面上加工出外螺纹的加工方法。

（1）圆板牙。它是加工外螺纹的刀具，如图 5.50 所示，与一圆螺母相似，只是在其上带有排屑孔与切削刃。板牙两端带 2ϕ 锥角部分为切削部分，是由铲磨工艺加工出来的阿基米德螺旋面，有一定的后角。中间段为校准部分，也是套螺纹的导向部分。板牙一端的切削部分磨损后可调头使用。由于用圆板牙套螺纹的精度比较低，可用它加工 8h 级、表面粗糙度 Ra 值为 $6.3\sim3.2\mu m$ 的螺纹。圆板牙一般选用合金工具钢 9SiCr 或高速钢 W18Cr4V 材料。

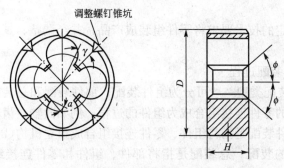

图 5.50　板牙

（2）圆锥管螺纹板牙。其基本结构与普通圆板牙相同，因为管螺纹呈锥形，故只可在单面加工出切削锥。这种板牙所有切削刃都参与切削，板牙在工件上的切削长度影响着管子与相配件的配合尺寸，套螺纹时，要用与相配件互旋来检查是否满足配合要求。

（3）铰手。手工套螺纹时需要用圆板牙铰手，如图 5.51 所示。

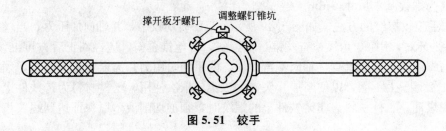

图 5.51 铰手

2）套螺纹方法

（1）套螺纹前工件直径的确定。确定螺杆的直径可直接查表，也可按零件直径 $d=D-0.13p$ 的经验公式计算，其中 d、D、p 的含义同上。

（2）套螺纹操作。如图 5.52 所示为套螺纹的加工方法，操作时将板牙套入工件头部

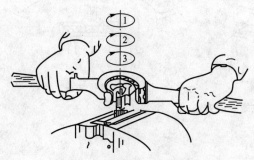

图 5.52 套螺纹的加工方法

倒角，保持板牙与工件轴线垂直，右手握住铰手中间部分，加适当压力，左手将铰手的手柄顺时针方向转动，当板牙切入圆杆 2～3 牙时，应检查板牙是否歪斜，若歪斜，应纠正后方可继续加工，当板牙位置正确后，再沿轴向进给，不需施加压力。套螺纹和攻螺纹一样，应经常回转板牙以断屑。加工过程中应加切削液，以保证螺纹的表面粗糙度要求。

5.6 装 配

装配是机械产品制造的最后一道工序，装配是钳工的一项非常重要的工作。它是保证机械产品达到各项技术要求的关键。装配工作的好坏，对产品质量起着决定性的作用。

1. 装配概述

装配是指按照规定的技术要求将零件组装成产品，并经调整、试验使之成为合格产品的工艺过程。

1）装配的类型与装配过程

（1）装配类型。装配类型一般可分为组件装配、部件装配和总装配。其中组件装配是指将两个或两个以上的零件连接组合成为组件的过程。例如曲轴、齿轮等零件组成的一根传动轴系的装配。部件装配是指将组件、零件连接组合成独立机构（部件）的过程。例如车床主轴箱、进给箱等的装配。总装配是指将部件、组件和零件连接组合成为整台机器的过程。

（2）装配过程。它一般有五个阶段：装配前的准备、装配、调整、检验和试车。装配过程的一般原则是先下后上、先内后外、先难后易，先装配保证机器精度的部分，后装配一般部分。

2）零、部件连接类型

组成产品的零、部件的连接形式很多，基本上可归纳成两类：固定连接和活动连接。每一类的连接，若按零件结合后能否拆卸又可分为可拆连接和不可拆连接，见表 5-1。

表 5-1 机器零、部件连接形式

固定连接		活动连接	
可拆	不可拆	可拆	不可拆
螺纹、键、销等	铆接、焊接、压合、胶结等	轴与轴承、丝杠与螺母、柱塞与套筒等	活动连接的铆合头

3）装配方法

（1）完全互换法。它是指在装配时，各零件任意取出便可装配，不需任何修配就可到达质量要求。装配精度是由零件的制造精度来保证的。

（2）选配法（不完全互换法）。按选配法装配，设计时其制造公差可适当放大。装配前，需严格按照尺寸范围将零件分成若干组，然后将对应的各组配合件装配在一起，以达到所要求的装配精度。

（3）修配法。当装配精度要求较高，若采用完全互换不经济时，常用修正某配合件的方法来达到规定的装配精度。如车床两顶尖不等高，装配时可刮尾架底座来达到精度要求等。

（4）调整法。调整法比修配法方便，能达到很高的装配精度，在大批生产或单件生产中均可采用。但由于增设了调整用的零件，使部件结构变得复杂，且可能引起刚性降低。

4）装配前的准备工作

装配是产品制造的重要阶段，装配质量的好坏对产品的性能和使用寿命影响很大。装配不良的产品，将会使其性能降低，消耗的功率增加，使用寿命减短。因此，装配前必须认真做好以下准备工作：

（1）研究和熟悉产品图样，了解产品结构以及零件功用和相互连接关系，掌握各项技术要求。

（2）确定装配方法、工艺和所需工具。

（3）备齐零件，进行清洗、涂防护润滑油。

2. 典型联接件装配方法

装配的形式很多，下面着重介绍螺纹联接、滚动轴承、齿轮等几种典型联接件的装配方法。

1）螺纹联接

如图 5.53 所示，常见零件有螺钉、螺母、双头螺栓及各种专用螺纹等。螺纹联接是现代机械制造中应用最广泛的一种联接形式。它具有紧固可靠、装拆简便、调整和更换方便、宜于多次拆装等优点。

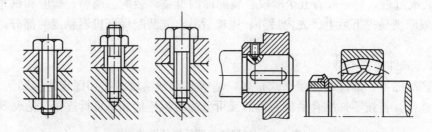

(a) 螺栓联接 (b) 双头螺栓联接 (c) 螺钉联接 (d) 螺钉固定 (e) 圆螺母固定

图 5.53 常见的螺纹连接类型

对于一般的螺纹联接可用普通扳手拧紧。对于有规定预紧力要求的螺纹联接，为保证满足规定的预紧力要求，常采用测力扳手或其他限力扳手以控制扭矩，如图 5.54 所示。

在紧固成组螺钉、螺母时，为使固紧件配合面受力均匀，须按一定的顺序来拧紧。如图 5.55 所示为两种拧紧顺序的实例。按图中数字顺序拧紧，可避免被联接件的偏斜、翘曲和受力不均。且每个螺钉或螺母不能一次完全拧紧，应按顺序分 2～3 次进行。零件与螺母贴合面应平整光洁，否则极易造成螺纹松动。为提高贴合面质量，可加垫圈。在交变载荷和振动条件下工作的螺纹联接，有逐渐自动松开的可能，为防止螺纹联接的松动，可采用弹簧垫圈、止退垫圈、开口销和止动螺钉等来防松，如图 5.56 所示。

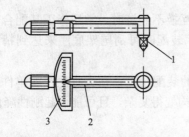

图 5.54 测力扳手
1—扳手头；2—指示针；3—读数板

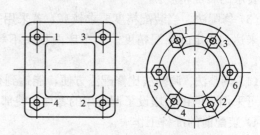

图 5.55 拧紧成组螺母顺序

(a) 弹簧垫圈   (b) 止退垫圈

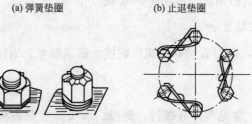

(c) 开口销   (d) 止动螺钉

图 5.56 各种螺母防松装置

2）滚动轴承的装配

滚动轴承的配合多数为小过盈配合，常用手锤或压力机将其压入装配，为使轴承内外圈受力均匀，应用垫套加压。在轴承压装到轴颈的过程中，应在其内圈端面施力，如图5.57(a)所示；在轴承压装到座孔的过程中，应在其外圈端面上施力，如图 5.57(b)所示；若同时将其压装到轴颈和座孔中，应在其内外端面同时施力，如图 5.57(c)所示。

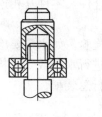 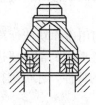 

(a) 施力于内圈端面　　　(b) 施力于外环端面　　　(c) 施力于内外环端面

图 5.57　滚动轴承的装配

当装配较大过盈配合的轴承时，应采用加热装配，即将轴承吊在 80～90℃ 的热油中加热，使轴承膨胀，然后趁热装入。注意轴承不能与油槽底接触，以防过热。若须装入座孔的轴承，应将其冷却后再装入。轴承安装后要检查滚珠是否被咬死，是否有合理的间隙。

3）齿轮的装配

齿轮装配的主要技术要求是保证齿轮传递运动的准确性、平稳性、轮齿表面接触斑点和齿侧间隙满足要求等。

轮齿表面接触斑点可用涂色法检验，具体方法为先在主动轮的工作齿面上涂红丹，再使其与相啮合的齿轮在轻微制动下运转，然后观察从动轮啮合齿面上接触斑点的位置和大小，如图 5.58 所示。

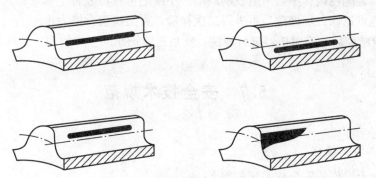

图 5.58　用涂色法检验啮合情况

齿侧间隙一般可用压铅法来测定，即在相啮合的齿面间插入铅丝，运转两齿面，去除被压的铅丝(此时已呈片状)，检测其厚度即可。

3．部件装配和总装配

1）部件的装配

它通常是在装配车间的各工段(或班组)进行的。部件装配是总装配的基础，这一工序进行得好与坏，会直接影响总装配和产品的质量。其过程包括四个阶段：

（1）装配前按图样检查零件的加工情况，根据需要进行补充加工。

（2）组合件装配与零件相互试配。这阶段可采用选配法或修配法来消除各种配合缺陷。组合件装好后就不再分开，以便装入部件中。互相试配的零件，在缺陷消除后，仍须分开（因它不是属于同一组合件），分开后须做好配对标记，以便重新装配时不会调错。

（3）部件装配及调整，即按一定的次序将所有组合件及零件互相连接，并对某些零件经调整正确后再加以定位。

（4）部件检验，即根据部件的专门用途作功能性检验。如水泵要检验流量及扬程；齿轮箱要进行空载及负荷检验；有密封性要求的部件要进行水压或气压检验；高速转动部件要进行动平衡检验等。只有检验合格的部件，才可进行总装配。

2）总装配

它是指把预先装好的部件、组合件、其他零件，以及采购的配套装置或功能部件装配成整机。其注意事项如下：

（1）总装前，须了解所装产品的用途、构造、工作原理以及与其有关的技术要求。确定装配工艺与检查的项目，进行整机检查、调整、试验，直至合格。

（2）总装配应按装配工艺规程所规定的操作步骤来进行，严格按工艺规程所规定的装配工具来装配。装配顺序应按从里到外，从下到上，以不影响下道装配为原则依次展开。操作中不得损伤零件的精度和表面粗糙度，对重要的复杂的部分应反复检查，以免装错或多装、漏装。不得让污物进入产品的部件、组合件或零件内。总装后，要在滑动和旋转部分加润滑油（或脂），以防运转时出现拉毛、咬死或烧损等。要严格按照技术要求，逐项检查。

（3）装配好的产品须加以调整和检验。调整的目的就在于查明产品各部分的相互作用及各机构工作的协调性。检验的目的就在于确定产品工作的正确性和可靠性，发现因零件制造的质量、装配或调整不当所造成的缺陷。小缺陷可在检验台上修复；大缺陷应将产品送到原装配地点返修。经修理后再进行二次检验，直至检验合格为止。

（4）检验结束后，应对机器进行清洗，随后送装饰车间上防锈漆、涂漆。

5.7　安全技术规范

1. 在钳工台上操作

在钳工台上操作的安全技术规范如下。

（1）工件必须牢固地夹紧在虎钳上，在进行小工件装夹时，当心夹着手指。

（2）在紧、松工件时，应防止工件跌落而伤人、伤物。

（3）不可使用没有手柄或手柄松动的锉刀与刮刀，必须将手柄撞紧后，方能使用。

（4）不得用手去挖、剔锉刀齿间的切屑，也不可用嘴去吹，而应用专备的刷子剔除。

（5）使用小锤时，应检查锤头是否安装牢固；挥动手锤时，须选择挥动方向，以免锤头脱出伤及他人。

（6）在錾削时，视线应集中在切削处，錾切至工件的加工终点须轻轻锤击，以防止錾削下来的铁屑飞出伤人。

(7) 在使用手锯锯割料时，不得用力重压或扭转锯条，接近锯断时，应轻轻锯削。

(8) 在铰孔或攻丝时，不可用力过猛，以免折断铰刀或丝攻。

(9) 禁止用一种工具代替其他工具使用（如用扳手代替手锤等），否则将导致工具损坏。

(10) 如需在砂轮上磨工件、工具等时，应事先征得实习指导师傅同意后方可进行。

2. 在钻床上操作

在钻床上操作的安全技术规范如下。

(1) 未经指导师傅同意，不得随便变更钻床转速，若需调整钻头速度，须停车后方可调动皮带或变速手柄。

(2) 禁止用手握持工件进行钻孔，应把工件紧固在虎钳上，或用压板固定在工作台上，方可进行钻孔操作。

(3) 在进行通孔加工时，当钻头快要接近通孔终点处时，应减小进给量且小心，不可用力过猛。

(4) 钻孔时，若发现中心不对，不得采用强拉钻台的方法来校正。

第6章
车削加工

6.1 概　述

如图 6.1 所示，车削是在车床上利用工件的旋转运动和刀具的移动来改变毛坯形状和尺寸，将其加工成所需零件的一种切削加工方法。其中工件旋转为主运动，刀具直线移动为进给运动，它主要用于加工各种回转体表面。车床种类很多，如卧式车床、立式车床、转塔车床、仿形车床、自动车床、数控车床及各种专用车床，其中应用最广的是卧式车床。

车削加工既适合于单件小批量零件的加工生产，也适合于大批量的零件加工生产。车削加工所能加工的形面如图 6.2 所示。

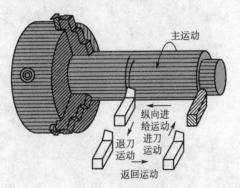

图 6.1　车削运动

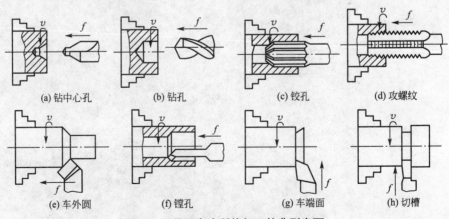

(a) 钻中心孔　　(b) 钻孔　　(c) 铰孔　　(d) 攻螺纹

(e) 车外圆　　(f) 镗孔　　(g) 车端面　　(h) 切槽

图 6.2　普通车床所能加工的典型表面

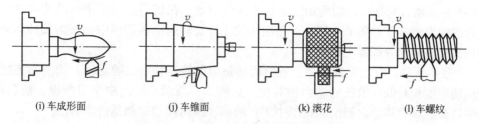

(i) 车成形面　　(j) 车锥面　　(k) 滚花　　(l) 车螺纹

图 6.2　普通车床所能加工的典型表面(续)

1. 车削加工的特点

车削加工与其他切削加工方法相比有如下特点。

(1) 车削适应范围广。它可加工不同材质、不同精度的各种具有回转表面的工件。

(2) 容易保证工件各加工表面的位置精度。在一次安装过程中加工工件各回转面，可保证各加工表面间的同轴度、平行度、垂直度等位置精度的要求。

(3) 生产成本低。车刀是刀具中最简单的一种，制造、刃磨和安装较方便。车床附件较多，生产准备时间短。

(4) 生产率较高。车削加工一般是等截面连续切削，切削力变化小，较刨、铣等切削过程平稳，可选用较大的切削用量，生产率较高。

车削的尺寸精度一般可达 IT8～IT7，表面粗糙度 Ra 值为 $3.2～1.6\mu m$。尤其是对不宜磨削的有色金属进行精车加工可获得更高的尺寸精度和更小的表面粗糙度 Ra 值。

2. 车床的型号

机床均采用汉语拼音字母和数字按一定规律组合进行编号，以表示机床的类型和主要规格，如图 6.3 所示。车工实习中常用的车床型号为 C6132、C6136。在 C6132 车床编号中，C表示"车"字汉语拼音的首字母，读作"车"；6 和 1 分别表示为机床的组别和系别代号，表示卧式车床；32 表示主参数代号，表示最大车削直径的 1/10，即最大车削直径为 320mm。

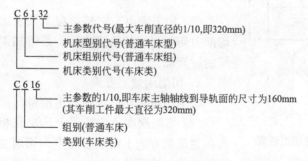

图 6.3　机床型号编制方法

3. 切削用量

1) 切削运动

机械零件大部分是由一些简单几何表面所组成，如各种平面、回转面、沟槽等。机床在对这些表面进行切削加工时，刀具与零件之间需有特定的相对运动，这种相对运动称为切削运动。根据在切削过程中所起的作用不同，切削运动可分为主运动和进给运动两种。

（1）主运动。它是保证切削加工能否实现的运动。在切削过程中主运动速度最高，消耗机床的动力最多。如图 6.4 所示，车削中的工件旋转运动和钻削中钻头的旋转运动，铣削中铣刀旋转运动等都是主运动。

（2）进给运动。在切削加工中，进给运动是指保持连续切削的运动。切削加工过程中进给运动速度相对低，消耗的动力相对少，如图 6.4 所示，车削中车刀的纵、横向移动，钻削中钻头的轴线移动，刨削和铣削中工件的横、纵向移动等都是进给运动。

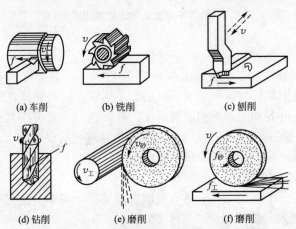

(a) 车削　　　　(b) 铣削　　　　(c) 刨削

(d) 钻削　　　　(e) 磨削　　　　(f) 磨削

图 6.4　机械加工时的切削运动

总之，切削运动中主运动一般只有一个，而进给运动可能有一个或几个。如外圆磨削中工件的旋转运动和工件的轴向移动都是进给运动。

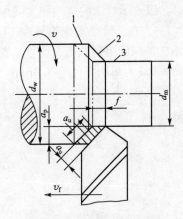

图 6.5　车削时的切削要素
1—待加工表面；2—加工表面；
3—已加工表面

2）工件加工的三个表面

工件车削时的三个表面如图 6.5 所示。

（1）待加工表面。它是指工件上有待切除的表面。

（2）已加工表面。它是指工件上经刀具切削后形成的表面。

（3）加工表面。它是指在工件需加工的表面上，被主切削刃切削形成的轨迹表面，是待加工表面与已加工表面间的过渡面。

3）切削用量三要素

切削用量是切削速度、进给量和背吃刀量的总称。

（1）切削速度。切削刃上选定点相对于工件待加工表面在主运动方向上的瞬时速度为切削速度。它是描述主运动的参数，法定单位为 m/s，但在生产中除磨削的切削速度单位用 m/s 外，其他切削速度单位习惯上用 m/min。

当主运动为旋转运动时（如车削、铣削、磨削等），切削速度 v 的计算式为：

$$v = \frac{\pi Dn}{1000 \times 60}(\text{m/s}) \quad \text{或} \quad v = \frac{\pi Dn}{1000}(\text{m/min}) \qquad (6-1)$$

当主运动为往复直线运动时（如刨削、插削等），切削速度的计算式为：

$$v = \frac{2Ln_r}{1000 \times 60}(\text{m/s}) \quad \text{或} \quad v = \frac{2Ln_r}{1000}(\text{m/min}) \qquad (6-2)$$

式中：D 为待加工表面的直径或刀具切削处的最大直径(mm)；n 为工件或刀具的转速(r/min)；L 为往复运动行程长度(mm)；n_r 为主运动每分钟往复的次数(str/min)。

切削速度提高，则生产率和加工质量都有所提高。但切削速度的提高受到机床动力和刀具耐用度的限制。

(2) 进给量。它是指主运动在一个工作循环内，刀具与工件在进给运动方向上的相对位移量，用 f 表示。当主运动为旋转运动时，进给量 f 的单位为 mm/r，称为每转进给量。当主运动为往复直线运动时，进给量 f 的单位为 mm/str，称为每行程进给量。

(3) 背吃刀量。一般是指工件待加工表面与已加工表面间的垂直距离。铣削的背吃刀量 a_p 为沿铣刀轴线方向上测量的切削层尺寸。

车削外圆时背吃刀量计算式为：

$$a_p = (D-d)/2 \qquad\qquad (6-3)$$

式中：D、d 分别为工件上待加工表面和已加工表面的直径(mm)。

背吃刀量 a_p 增加，生产效率提高，但切削力也随之增加，故容易引起工件振动，使加工质量下降。

4. 卧式车床的结构

卧式车床有各种型号，其结构大致相似。如图 6.6 所示为 C6132 型卧式车床外形，其主要组成部分如下：

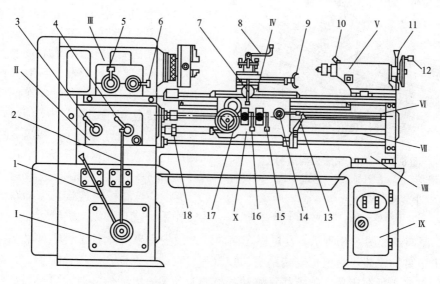

图 6.6 C6132 型卧式车床外形

Ⅰ—变速箱；Ⅱ—进给箱；Ⅲ—主轴箱；Ⅳ—刀架；Ⅴ—尾座；Ⅵ—丝杠；Ⅶ—光杠；Ⅷ—床身；
Ⅸ—床腿；Ⅹ—溜板箱；1、2、6—主运动变速手柄；3、4—进给运动变速手柄；
5—刀架纵向移动变速手柄；7—刀架横向运动手柄；8—方刀架锁紧手柄；
9—小滑板移动手柄；10—尾座套筒锁紧手柄；11—尾座锁紧手柄；
12—尾座套筒移动手轮；13—主轴正反转及停止手柄；
14—开合螺母开合手柄；15—横向进给自动手柄；
16—纵向进给自动手柄；17—纵向进给手动手柄；
18—光杠、丝杠更换使用的离合器

（1）床身。它用于连接机床各主要部件，并保证各部件间占有正确的相对位置。床身上的导轨，用来确保刀架和尾座相对于主轴的正确运动。

（2）变速箱。主轴的变速主要通过变速箱来实现，安装在车床前床脚的内腔中。变速箱内装有变速齿轮，通过改变变速手柄的位置就能得到为满足车削要求的工件转速，将变速箱设计成远离主轴，对降低主轴的振动和发热非常有利。

（3）主轴箱。其内安装有主轴和主轴的变速机构，能实现主轴多种转速运转。主轴采用前后轴承精密支承着的空心结构，以便长棒料的穿入安装，主轴前端设计成内锥面和外锥面方式，其中内锥面用来安装顶尖，外锥面用来安装卡盘等车床附件。

（4）进给箱。又称走刀箱，是进给运动的变速机构。它固定在床头箱下部的床身前侧。变换进给箱外面的手柄位置，可实现床头箱内主轴运动的传递，转为进给箱输出的光杠或丝杠，获得不同的转速，以改变进给量的大小或车削不同螺距的螺纹。其纵向进给量为 0.06～0.83mm/r；横向进给量为 0.04～0.78mm/r；可车削 17 种公制螺纹（螺距为 0.5～9mm）和 32 种英制螺纹（每英寸 2～38 牙）。

（5）溜板箱。又称拖板箱，它是进给运动的操纵机构，溜板箱与床鞍连接在一起，若将光杠的旋转转动变为车刀的横向或纵向进给运动，可实现车削端面或外圆的加工；若将丝杠的旋转运动变为车刀的纵向进给运动，可满足车削螺纹加工的要求。溜板箱内安装有互锁机构，使光杠、丝杠两者不能同时使用。

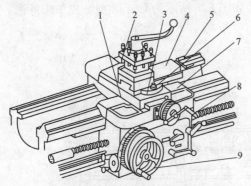

图 6.7　C6132 车床刀架结构

1—中滑板；2—方刀架；3—转盘；4—小滑板；
5—小滑板手柄；6—螺母；7—床鞍；
8—中滑板手柄；9—床鞍手轮

（6）刀架。如图 6.7 所示，刀架用来装夹车刀并使其作纵向、横向和斜向进给运动。它采用多层结构，其中方刀架 2 可同时安装四把车刀，以供车削时选用。小滑板（小刀架）4 受其行程限制，一般只作手动短行程的纵向或斜向进给运动，车削圆柱面或圆锥面。转盘 3 用螺栓与中滑板（中刀架）1 紧固在一起，松开螺母 6，转盘 3 可在水平面内旋转任意角度。中滑板 1 沿床鞍 7 上面的导轨作手动或自动横向进给运动。床鞍（大刀架）7 与溜板箱连接，带动车刀沿床身导轨作手动或自动纵向进给运动。

（7）尾座。如图 6.8 所示，在尾座套筒内装入顶尖用来支承长轴类零件的另一端，满足长轴类工件的安装，它也可安装钻头、铰刀等刀具，实现钻孔、铰孔等加工。尾座为满足加工的需要，可在床身导轨上往复移动，当移动到某一所需位置时，可通过调整压板和固定螺钉将其固定在床身上。若要调整尾座顶尖与主轴中心对正（即同轴），可松开尾座底板的紧固螺母，拧动两调节螺钉，调整尾座的横向位置；也采用这种方式或使尾座顶尖与主轴中心偏离一定距离来车削长圆锥面。松开套筒锁紧手柄，转动手轮带动丝杠，能使螺母及与它相连的套筒相对尾座体移动一定距离，当套筒退缩至最终位置处时，便可卸出带锥度的顶尖或钻头等工具。

5. 车床的传动系统

如图 6.9 所示是 C6132 卧式车床传动系统图。电动机输出的动力，经变速箱通过带传

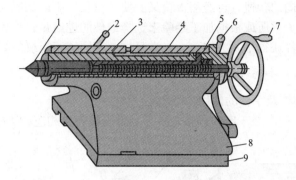

图6.8 尾座

1—顶尖；2—套筒锁紧手柄；3—顶尖套筒；4—丝杠；5—螺母；
6—尾座锁紧手柄；7—手轮；8—尾座体；9—底座

递给主轴，变换变速箱和主轴箱外的手柄位置，便可实现不同的齿轮副啮合，使安装在卡盘上的工件与主轴作等速旋转，以满足不同主轴转速的车削加工要求。同时，主轴旋转运动又通过换向机构、交换齿轮、进给箱、光杠（或丝杠）传给溜板箱，使溜板箱带动刀架沿床身作直线进给运动。

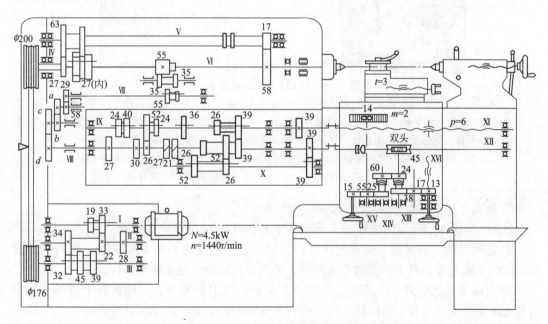

图6.9 C6132卧式车床传动系统图

（1）主运动传动系统。从电动机经变速箱和主轴箱带动主轴旋转，称之为主运动传动系统。电动机的转速是不变的，为1440r/min。通过变速箱后可获得六种不同的转速。这六种转速通过带轮可直接传给主轴，也可再经主轴箱内的减速机构获得另外六种较低的转速。因此，C6132车床的主轴共有十二种不同的转速。另外，通过电动机的反转，主轴还有与正转相适应的十二种反转转速。

（2）进给运动传动系统。主轴的转动经进给箱和溜板箱使刀架移动，称之为进给运动传动系统。车刀进给速度与主轴的转速应相匹配，在主轴转速一定时，通过进给箱的变速机构可使光杠获得不同的转速，再经溜板箱又能使车刀获得不同的纵向或横向进给量，但不论怎样，应参考相关手册或根据加工经验来选择最佳的进给量；另外主轴的转动经一定的变速机构也可使丝杠获得不同的转速，来满足加工不同螺距螺纹的要求。

6. 卧式车床的各种手柄和基本操作

1) 卧式车床的调整及手柄的使用

如图 6.10 所示，C6132 车床的调整主要是通过变换各自相应的手柄位置来实现的。

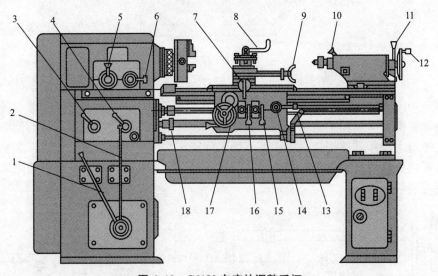

图 6.10   C6132 车床的调整手柄

1、2、6—主运动变速手柄；3、4—进给运动变速手柄；5—刀架左右移动的换向手柄；

7—刀架横向手动手柄；8—方刀架锁紧手柄；9—小刀架移动手柄；10—尾座套筒锁紧手柄；

11—尾座锁紧手柄；12—尾座套筒移动手轮；13—主轴正反转及停止手柄；

14—"开合螺母"开合手柄；15—刀架横向自动手柄；16—刀架纵向自动手柄；

17—刀架纵向手动手轮；18—光杠、丝杠更换使用的离合器

2) 卧式车床的基本操作

(1) 停车操作。停车时主轴正、反转及停止手柄 13 应位于停止位置。

① 正确变换主轴转速。变动变速箱和主轴箱外面的变速手柄 1、2 或 6，可得到各种相对应的主轴转速。当手柄拨动不顺利时，可用手稍转动卡盘来协助操作。

② 正确变换进给量。按所选的进给量查看进给箱上的标牌，再按标牌上进给变换手柄位置来变换手柄 3 和 4 的位置，即可得到所选定的进给量。

③ 熟悉掌握纵向和横向手动进给手柄的转动方向。左手握刀架纵向手动手轮 17，右手握刀架横向手动手柄 7。分别顺时针和逆时针旋转手轮，操纵刀架和溜板箱的移动。

④ 熟悉掌握纵向或横向机动进给的操作。光杠、丝杠更换使用的离合器 18 位于光杠接通位置上，将刀架纵向自动手柄 16 提起即可纵向进给，如将刀架横向自动手柄 15 向上提起，即可横向机动进给。分别向下扳动则可停止纵、横向机动进给。

⑤ 尾座的操作。尾座靠手动移动，其固定靠紧固螺栓螺母。转动尾座套筒移动手轮 12，可使套筒在尾架内移动，转动尾座锁紧手柄 11，可将套筒固定在尾座内。

(2) 低速开车操作。操作之前应先检查各手柄位置是否处于正确的位置，无误后方可

开车。

① 主轴启动—电动机启动—操纵主轴转动—停止主轴转动—关闭电动机。

② 机动进给—电动机启动—操纵主轴转动—手动纵横进给—机动纵横进给—手动退回—机动横向进给—手动退回—停止主轴转动—关闭电动机。

(3) 注意事项。

① 机床未完全停止前，严禁变换主轴转速，否则会发生严重的主轴箱内齿轮打齿现象。开车前，要检查各手柄是否处于正确位置。

② 纵向和横向手柄进退方向不可摇错，尤其是快速进退刀时，要千万注意，否则会发生工件报废和安全事故。

③ 横向进给手动手柄每转一格时，刀具横向吃刀为 0.02mm，其圆柱体直径方向切削量为 0.04mm。

6.2 车 刀

1. 车刀的结构

车刀是由刀头和刀杆两部分组成的，刀头是车刀的切削部分，刀杆是车刀的夹持部分。车刀从结构上分为四种形式，即整体式、焊接式、机夹式、可转位式，其结构特点及应用见表 6-1。

表 6-1 车刀结构类型特点及应用

名称	特 点	应 用
整体式	用整体高速钢制造，刃口可磨得较锋利	小型车床或加工非铁金属
焊接式	焊接硬质合金或高速钢刀片，结构紧凑，使用灵活	各类车刀特别是小刀具
机夹式	避免了焊接产生的应力、裂纹等缺陷，刀杆利用率高；刀片可集中刃磨获得所需参数；使用灵活方便	外圆、端面、镗孔、切断、螺纹车刀等
可转位式	避免了焊接刀的缺点，刀片可快换转位；生产率高；断屑稳定；可使用涂层刀片	大中型车床加工外圆、端面、镗孔，特别适用于自动线、数控机床

2. 刀具材料

1）刀具材料应具备的性能

它包括高硬度与耐磨性、足够的强度与冲击韧度、高耐热性、良好的工艺性与经济性。

2）常用刀具材料

目前，车刀广泛采用硬质合金刀具材料，在某些情况下也采用高速钢刀具材料。

（1）高速钢。它是一种高合金钢，俗称白钢、锋钢、风钢等。其强度、冲击韧度、工艺性很好，是制造复杂形状刀具的主要材料，如成形车刀、麻花钻头、铣刀、齿轮刀具等。高速钢的耐热性不高，约在640℃左右其硬度下降，不能进行高速切削。

（2）硬质合金。它的主要组成成分是耐热和耐磨性好的碳化物，钴为其粘结剂，采用粉末冶金的方法来压制成各种形状的刀片，用铜钎焊的方法焊接在刀头上作为切削刀具的材料。硬质合金的耐磨性和硬度比高速钢高得多，但塑性和冲击韧度不及高速钢，硬质合金可分为P、M、K三类。

① P类硬质合金：主要成分为 Wc＋Tic＋Co，用蓝色作标志，相当于原钨钛钴类（YT）。主要用于加工长切屑的黑色金属，如钢类等塑性材料。此类硬质合金的耐热性为900℃。

② M类硬质合金：主要成分为 Wc＋Tic＋Tac(Nbc)＋Co，用黄色作标志，又称通用硬质合金，相当于原钨钛钽类通用合金（YW）。主要用于加工黑色金属和有色金属。此类硬质合金的耐热性为1000～1100℃。

③ K类硬质合金：主要成分为 Wc＋Co，用红色作标志，又称通用硬质合金，相当于原钨钴（YG）。主要用于加工短切屑的黑色金属（如铸铁）、有色金属和非金属材料。此类硬质合金的耐热性为800℃。

3. 车刀组成及几何角度

车刀是形状最简单的单刃刀具，其他各种复杂刀具都可以看做是车刀的组合和演变，有关车刀角度的定义，均适用于其他刀具。

1）车刀的组成

它是由刀头（切削部分）和刀体（夹持部分）组成的。车刀的切削部分是由三面、二刃、一尖所构成，如图6.11所示。具体来讲就是在进行切削加工时，前刀面是切屑流出所经过的表面；主后刀面是与工件加工表面相对的表面；副后刀面是与工件已加工表面相对的表面；主切削刃是前刀面与主后刀面的交线，它可以是直线或曲线，担负主要的切削工作。副切削刃是前刀面与副后刀面的交线，一般只担负少量的切削工作；刀尖是主切削刃与副切削刃的相交部分。为了强化刀尖，常磨成圆弧形或成一小段直线称过渡刃，如图6.12所示。

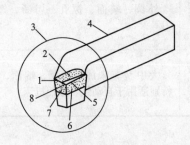

图6.11　车刀的组成

1—副切削刃；2—前刀面；3—刀头；4—刀体；
5—主切削刃；6—主后刀面；7—副后刀面；8—刀尖

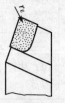 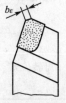

(a) 切削刃的实际交点　(b) 圆弧过渡刃　(c) 直线过渡刃

图6.12　刀尖的形成

2）车刀角度

车刀的主要角度有前角 γ_0、后角 α_0、主偏角 κ_r、副偏角 κ_r' 和刃倾角 λ_s，如图6.13所示。

车刀角度是在切削过程中形成的，对加工质量和生产率等影响极大。在切削时，与工件加工表面相切的假想平面称为切削平面，与切削平面相垂直的假想平面称为基面，与其均互相垂直的平面为主剖面，采用这一度量系统来标定车刀切削部分的角度，如图 6.14 所示。对车刀而言，基面呈水平面，并与车刀底面平行。切削平面、主剖面与基面是相互垂直的。

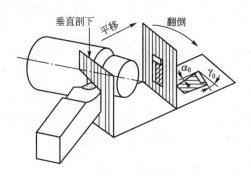

图 6.13 车刀的主要角度

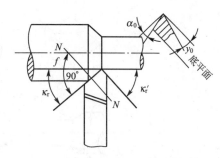

图 6.14 确定车刀角度的辅助平面

（1）前角 γ_0。它是在主剖面内度量的、前刀面与基面之间的夹角，表示前刀面的倾斜程度。前角可分为正、负、零。其中前刀面位于基面下方，则前角为正值，反之为负值，相重合为零。

增大前角，可使刀刃锋利、切削力降低、切削温度低、刀具磨损小、表面加工质量高。但过大的前角会使刃口强度降低，容易造成刃口损坏。

用硬质合金车刀加工钢件（塑性材料等），一般选取 $\gamma_0 = 10° \sim 20°$；加工灰口铸铁（脆性材料等），一般选取 $\gamma_0 = 5° \sim 15°$。精加工时，可取较大的前角，粗加工应取较小的前角。工件材料的强度和硬度大时，前角取较小值，有时甚至取负值。

（2）后角 α_0。它是在主剖面内度量的、主后刀面与切削平面之间的夹角，表示主后刀面的倾斜程度。

后角减少主后刀面与工件之间的摩擦，并影响刃口的强度和锋利程度。一般后角 α_0 可取 $= 6° \sim 8°$。

（3）主偏角 κ_r。如图 6.14 所示，它是在基面内度量的、主切削刃与进给方向在基面上投影间的夹角。

主偏角的作用为：影响切削刃的工作长度、切深抗力、刀尖强度和散热条件。主偏角越小，则切削刃工作长度越长，散热条件越好，但切深抗力越大。

车刀常用的主偏角有 45°、60°、75°、90° 几种。工件粗大、刚性好时，可取较小值。车细长轴时，为了减小径向力而引起工件弯曲变形，宜选取较大值。

（4）副偏角 κ_r'。如图 6.14 所示，它是在基面内度量的、副切削刃与进给方向在基面上投影间的夹角。

副偏角的作用为：影响已加工表面的表面粗糙度，减小副偏角可使已加工表面光洁。一般选取 $\kappa_r' = 5° \sim 15°$，精车时可取 $5° \sim 10°$，粗车时取 $10° \sim 15°$。

（5）刃倾角 λ_s。它是在切削平面内度量的、主切削刃与基面间的夹角，刀尖为切削刃最高点时为正值，反之为负值。

刃倾角：主要影响主切削刃的强度和控制切屑流出的方向。以刀杆底面为基准，当刀尖为主切削刃最高点时，λ_s 为正值，切屑流向待加工表面，如图 6.15(a)所示；当主切削刃与刀杆底面平行时，$\lambda_s=0°$，切屑沿着垂直于主切削刃的方向流出，如图 6.15(b)所示；当刀尖为主切削刃最低点时，λ_s 为负值，切屑流向已加工表面，如图 6.15(c)所示。

选择原则：一般 λ_s 在 $0°\sim\pm5°$ 之间选择。粗加工时，λ_s 常取负值，虽然切屑流向已加工表面，但无妨，它有利于保证主切削刃的强度。精加工常取正值，使切屑流向待加工表面，从而不会划伤已加工表面的质量。

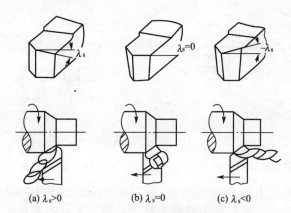

图 6.15　刃倾角对切屑流向的影响

4. 车刀的刃磨

车刀用钝后必须进行重新刃磨，一般均在砂轮磨刀机上来刃磨，高速钢车刀刃磨常用氧化铝砂轮(白色)，磨硬质合金刀头刃磨常用碳化硅砂轮(绿色)。

1) 砂轮的选择

砂轮的特性与磨料、粒度、硬度、结合剂和组织相关，具体如下：

(1) 磨料。常用磨料有氧化物系、碳化物系和高硬磨料系 3 种。其中氧化铝砂轮磨粒硬度低(HV2000～HV2400)、韧性大，适用刃磨高速钢车刀，其中白色的叫做白刚玉，灰褐色的叫做棕刚玉。碳化硅砂轮的磨粒硬度比氧化铝砂轮的磨粒高(HV2800 以上)，性脆锋利，且具有良好的导热性和导电性，适用刃磨硬质合金，常用的是黑色和绿色的碳化硅砂轮，绿色的碳化硅砂轮更适合刃磨硬质合金车刀。

(2) 粒度。它表示磨粒大小。以磨粒能通过每英寸长度上多少个孔眼的数字作为表示符号。例如 60 粒度是指磨粒刚可通过每英寸长度上有 60 个孔眼的筛网。因此，数字越大则表示磨粒越细。粗磨车刀应选磨粒号数小的砂轮，精磨车刀应选号数大(即磨粒细)的砂轮。

(3) 硬度。砂轮硬度是反映磨粒在磨削力作用下，从砂轮表面上脱落的难易程度。砂轮硬，即表面磨粒难以脱落；砂轮软，表示磨粒容易脱落。砂轮的软硬和磨粒的软硬是两个不同的概念，必须区分清楚。刃磨高速钢车刀和硬质合金车刀时应选软或中软的砂轮。

综上所述，应根据刀具材料正确选用砂轮。刃磨高速钢车刀时，应选用粒度为 46 号到 60 号的软或中软的氧化铝砂轮。刃磨硬质合金车刀时，应选用粒度为 60 号到 80 号的软或中软的碳化硅砂轮，两者不能搞错。

2）车刀刃磨的步骤

车刀刃磨的步骤如下：

（1）磨主后刀面，同时磨出主偏角及主后角，如图 6.16(a)所示。

（2）磨副后刀面，同时磨出副偏角及副后角，如图 6.16(b)所示；

（3）磨前面，同时磨出前角，如图 6.16(c)所示；

（4）修磨各刀面及刀尖，如图 6.16(d)所示。

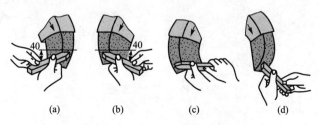

(a)　　　　(b)　　　　(c)　　　　(d)

图 6.16　外圆车刀刃磨的步骤

3）刃磨车刀的姿势及方法

（1）操作者应站立在砂轮机的侧面，以防砂轮碎裂时，碎片飞出伤人。

（2）握刀的两手应离开一段距离，两肘夹紧腰部，以减小磨刀时的抖动。

（3）磨刀时，车刀要放在砂轮的水平中心处，刀尖略上翘约 3°～8°，车刀接触砂轮后应作左右方向水平移动；当车刀离开砂轮时，车刀需向上抬起，以防磨好的刀刃被砂轮碰伤。

（4）磨后刀面时，刀杆尾部向左偏离的角度应与主偏角相等；磨副后刀面时，刀杆尾部向右偏离角度应与副偏角相等。

（5）修磨刀尖圆弧时，通常以左手握车刀前端为支点，用右手带动车刀尾部转动。

4）磨刀安全知识

（1）刃磨刀具前，应首先检查砂轮有无裂纹，砂轮轴螺母是否拧紧，只有经试转可靠后方可使用，以免砂轮碎裂或飞出伤人。

（2）刃磨刀具不能用力过大，否则会使手打滑而触及砂轮面，造成工伤事故。

（3）磨刀时应戴防护眼镜，以免砂砾和铁屑飞入眼中。

（4）磨刀时不要正对砂轮的旋转方向站立，以防意外。

（5）磨小刀头时，必须把小刀头装入刀杆上。

（6）砂轮支架与砂轮的间隙不得大于 3mm，若发现过大，应调整适当。

5. 车刀的安装

车刀必须正确牢固地安装在刀架上，才能保证其正常使用，如图 6.17 所示。安装车刀应注意下列几点：

（1）刀头不宜伸出太长，否则切削时易产生振动，影响工件加工精度和表面粗糙度。一般刀头伸出长度不得超过刀杆厚度的两倍，能看见刀尖车削即可。

（2）刀尖应与车床主轴中心线等高。若车刀装得太高，后角减小，则车刀的主后面会与工件产生强烈的摩擦；若装得太低，前角减少，切削不顺利，会使刀尖崩碎。刀尖的高低，可根据尾架顶尖高低来调整。车刀的安装如图 6.17(a)所示。

（3）车刀底面的垫片要平整，并尽可能用厚垫片，以减少垫片数量。调整好刀尖高低后，至少要用两个螺钉交替将车刀拧紧。

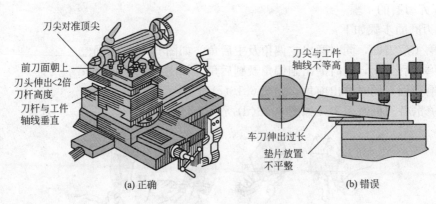

图 6.17　车刀的安装

6.3　车外圆、端面和台阶

1. 三爪自定心卡盘安装工件

1) 用三爪自定心卡盘安装工件

三爪自定心卡盘的结构如图 6.18(a)所示，当用卡盘扳手转动小锥齿轮时，大锥齿轮也随之转动，在大锥齿轮背面平面螺纹的作用下，使三个爪同时向中心移动或退出，以夹紧或松开工件，其特点如下：

(1) 对中性好，自动定心精度可达到 0.05～0.15mm。

(2) 装夹工件的直径范围大，若装夹直径较小的工件，可用三个正爪装夹，如图 6.18(b)所示。若装夹直径较大的工件时，可用三个反爪装夹，如图 6.18(c)所示。

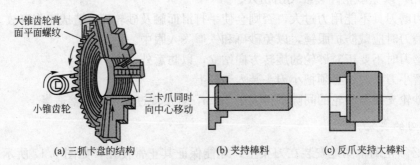

图 6.18　三爪自定心卡盘结构和工件安装

(3) 三爪自定心卡盘的夹紧力不大，一般只适用于重量较轻的工件，当重量较重的工件进行装夹时，宜用四爪单动卡盘或其他专用夹具来装夹。

2) 用一夹一顶安装工件

对于一般较短的回转体类工件，较宜于三爪自定心卡盘装夹，但对于较长的回转体类工件，用此方法则刚性较差，尤其是长度较大、精度要求较高的工件，不能直接用三爪自定心卡盘装夹，应采用一端夹持，另一端用后顶尖顶牢的装夹方法。这种装夹方法能承受较大的轴向切削力，且可大大提高安装刚性。

2. 车外圆

1）安装工件和校正工件

安装工件的方法主要有用三爪自定心卡盘或四爪卡盘、心轴等。校正工件的方法有划针或百分表校正。

2）选择车刀

车外圆可用如图6.19所示的各种车刀。其中直头车刀（尖刀）的形状简单，主要用于粗车外圆；弯头车刀不仅可车外圆，还可车端面，加工台阶轴和细长轴则常用偏刀，如图6.15所示。

3）调整车床。

车床的调整包括主轴转速和车刀的进给量。

主轴转速是根据切削速度来选取的，切削速度的选择与工件材料、刀具材料以及工件加工精度有关。如用高速钢车刀车削时，$V=0.3\sim1\text{m/s}$，用硬质合金刀时，$V=1\sim3\text{m/s}$。车硬度高钢比车硬度低钢的转速低一些。根据选定的切削速度计算出车床主轴的转速，再对照车床主轴转速铭牌，选取车床上最近似计算值而偏小的一挡，扳动对应手柄即可。在进行手柄操作时，必须是停车状态。

进给量根据工件加工要求确定。粗车时，一般取$0.2\sim0.3\text{mm/r}$；精车时，随所需要的表面粗糙度而定。例如表面粗糙度为$Ra3.2$时，选用$0.1\sim0.2\text{mm/r}$；表面粗糙度为$Ra1.6$时，选用$0.06\sim0.12\text{mm/r}$等。进给量的调整可对照车床进给量表扳动手柄位置，具体方法与调整主轴转速相似。

4）粗车和精车

车削前要试刀，粗车的目的是尽快地切去多余的金属层，使工件接近最后的形状和尺寸。粗车后应留$0.5\sim1\text{mm}$的加工余量。

精车是切去余下少量的金属层以获得零件所要求的精度和表面粗糙度，其背吃刀量较小，约$0.1\sim0.2\text{mm}$，切削速度则可取较高或较低，初学者可取较低速。为降低工件表面粗糙度值，用于精车的车刀的前、后刀面应采用油石加机油修光，有时刀尖应修磨出一段小圆弧。

为保证加工的尺寸精度，应采用试切法车削。试切法的步骤如图6.19所示，其中图6.19（a）所示为开车对刀，使车刀和工件表面轻微接触，图6.19（b）所示为向右退出车刀，图6.19（c）所示为按要求横向进给a_{p1}，图6.19（d）所示为试切$1\sim3\text{mm}$，图6.19（e）所示为向右退出、停车、测量，图6.19（f）所示为向调整切深至a_{p2}后，自动进给车外圆。

5）刻度盘的原理和应用

在车削工件过程中，可利用中拖板上的刻度盘来正确迅速地控制背吃刀量。中拖板刻度盘安装在中拖板丝杠上，当摇动中拖板手柄带动刻度盘旋转一周时，中拖板丝杠也随其转一周，于是固定在中拖板上与丝杠配合的螺母就沿丝杠轴线方向移动一个螺距，最终表现为安装在中拖板上的刀架也移动一个螺距。如果中拖板丝杠螺距为4mm，当手柄转一周时，刀架就横向移动4mm。若刻度盘圆周上等分200格，则当刻度盘转过一格时，刀架就移动了0.02mm。使用中拖板刻度盘控制背吃刀量时应注意如下事项：

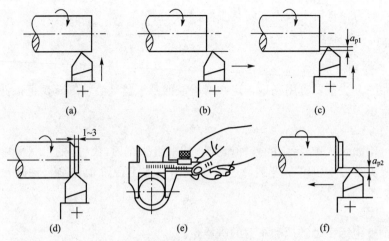

图 6.19　试切步骤

（1）由于丝杠和螺母之间存在间隙，将会产生空行程（即刻度盘转动，而刀架并未移动）。因此在操作时须慢慢将刻度盘转到所需要的位置，如图 6.20(a)所示。若不慎多转过几格，则不能简单地退回几格，如图 6.20(b)所示，必须向相反方向退回全部空行程，再转到所需位置，如图 6.20(c)所示。

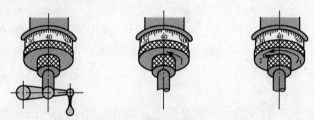

(a) 要求转至30,但实际操作转至40　(b) 错误,直接转至30　(c) 正确反转一周后,再转至30

图 6.20　手柄摇过头后的纠正方法

（2）由于工件处于旋转状态，在使用中拖板刻度盘时，车刀横向进给后的切除量刚好为背吃刀量的两倍，因此应注意，当工件外圆余量测得后，中拖板刻度盘控制的背吃刀量是外圆余量的二分之一，而小拖板的刻度值，则直接表示工件长度方向的切除量。

6）纵向进给

纵向进给到所需的长度时，应关停自动进给手柄，退出车刀，然后停车，检验。

7）车外圆时的质量分析

（1）尺寸不正确。产生的原因主要有：车削时粗心大意，看错尺寸；刻度盘计算错误或操作失误；测量时不仔细，不准确而造成的。

（2）表面粗糙度不符合要求。产生的原因主要是：车刀刃磨角度不对；刀具安装不正确或刀具磨损，切削用量选择不当；车床各部分间隙过大。

（3）外径有锥度。产生的原因主要是：吃刀深度过大，刀具磨损；刀具或拖板松动；用小拖板车削时转盘下基准线没有对准"0"线；采用两顶尖装夹方法车削时床尾"0"线不在轴心线上；精车时加工余量不足。

3. 车端面

对工件的端面进行车削的方法叫车端面。在进行车端面操作时，刀具的主刀刃应与端面呈一定夹角。工件伸出卡盘以外部分应尽可能短些，采用中拖板横向走刀，走刀次数可根据加工余量而定，常采用自外向中心走刀，也可采用自圆中心向外走刀的方式。常用端面车削时的操作方法如图6.21所示。

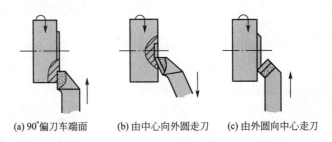

(a) 90°偏刀车端面　　(b) 由中心向外圆走刀　　(c) 由外圆向中心走刀

图6.21　车端面的常用车刀

1) 车端面时的注意事项

车端面时应该注以下事项：

（1）车刀的刀尖应对准工件中心，以免车出的端面中心留有凸台。

（2）用偏刀车端面，当背吃刀量较大时，易扎刀。背吃刀量 a_p 的选择方法是：粗车时 $a_p = 0.2 \sim 1$ mm，精车时 $a_p = 0.05 \sim 0.2$ mm。

（3）在车削的过程中，端面直径从外到中心是变化的，切削速度也随之改变，切削速度必须按端面的最大直径来计算。

（4）车削直径较大的端面时，若出现凹心或凸肚时，应检查车刀、方刀架以及大拖板是否锁紧。

2) 车端面质量分析

（1）端面不平整，产生凸凹现象或端面中心留"小头"。它是由车刀刃磨或安装不正确、刀尖没有对准工件中心、背吃刀量过大、车床有间隙及拖板移动等因素引起的。

（2）表面粗糙度差。其产生的主要原因是：车刀不锋利，手动走刀摇动不均匀或太快，自动走刀切削用量选择不当等。

4. 车台阶

车削台阶的方法与车削外圆基本相同，只是在车削台阶时，应兼顾外圆直径和台阶长度两个方向的尺寸要求，须保证台阶平面与工件轴线的垂直度要求。当车削台阶高度小于5mm时，可采用主偏角为90°的偏刀，车外圆时一次车出；当车削台阶高度大于5mm时，应分层切削，如图6.22所示。

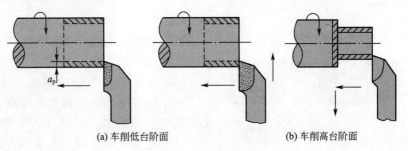

(a) 车削低台阶面　　　　　　　　(b) 车削高台阶面

图6.22　台阶车削

1) 台阶长度尺寸的控制方法

（1）当车削台阶长度尺寸要求较低的工件时，可直接用大拖板刻度盘来控制。

（2）台阶长度测量可采用钢直尺或样板确定加工位置，如图 6.23(a)、6.23(b)所示。车削台阶面之前，先用刀尖车出比台阶长度略短的刻痕作为加工界限，台阶的准确长度可用游标卡尺或深度游标卡尺测量。

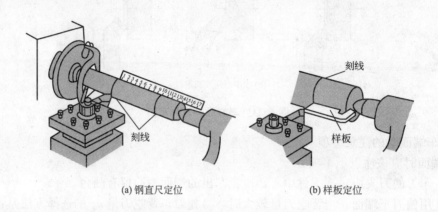

（a）钢直尺定位　　　　　　　　　　　（b）样板定位

图 6.23　台阶长度尺寸的控制方法

（3）在车削台阶长度尺寸要求较高且长度较短的工件时，可采用小滑板刻度盘来控制其长度。

2）车台阶的质量分析

其主要缺陷为：

（1）车削的台阶长度不正确、不垂直。它是由操作粗心、测量失误、自动走刀控制不当、刀尖不锋利、车刀刃磨或安装不正确等因素造成的。

（2）表面粗糙度差。其产生的原因是车刀不锋利、手动走刀不均匀或太快、自动走刀切削用量选择不当。

6.4　切槽、切断、车成形面和滚花

1. 切槽

在工件表面上车削沟槽的方法叫切槽，槽的形状一般有外槽、内槽和端面槽，如图 6.24 所示。

（1）切槽刀的选择。常选用高速钢切槽刀切槽，切槽刀的几何形状和角度如图 6.25 所示。

（2）切槽的方法。若车削精度不高和宽度较窄的矩形沟槽时，可用刀宽等于槽宽的切槽刀，直接进刀一次车出。若需加工精度要求较高的沟槽，一般分两次来车削。若车削较宽的

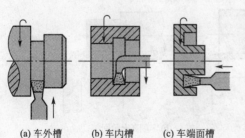

（a）车外槽　（b）车内槽　（c）车端面槽

图 6.24　常用切槽的方法

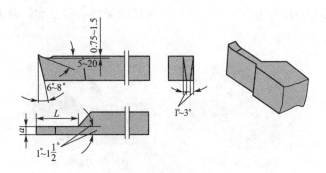

图 6.25 高速钢切槽刀

沟槽，可用多次直接进刀法切削，如图 6.26 所示，且在槽的两侧留一定的精车余量，然后根据槽深、槽宽精车至尺寸。若需车削较小的圆弧形槽，一般用成形车刀来车削，若为较大的圆弧槽，可采用双手联动来车削，精车时用样板检查修整。若需车削较小的梯形槽，一般用成形车刀来加工，对于较大的梯形槽，通常先车直槽，然后再用梯形刀直接进刀法或左右切削法来完成。

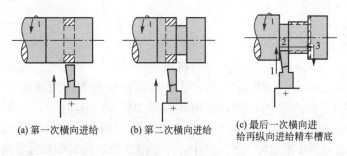

(a) 第一次横向进给　(b) 第二次横向进给　(c) 最后一次横向进给再纵向进给精车槽底

图 6.26 切宽槽

2. 切断

切断须选用切断刀，其形状与切槽刀相似，刀头窄而长，极易折断。常用的切断方法有直接进刀法和左右借刀法两种，如图 6.27 所示。其中直接进刀法常用于切断铸铁等脆性材料；左右借刀法常用于切断钢等塑性材料。

切断时应注意以下几点：

（1）切断操作的工件一般采用卡盘来安装，如图 6.28 所示。工件切断处应距卡盘近些，应避免在顶尖安装的工件上切断。

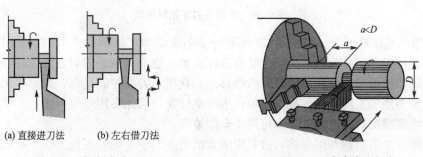

(a) 直接进刀法　　(b) 左右借刀法

图 6.27 切断方法　　　　　图 6.28 在卡盘上切断

（2）切断刀刀尖必须与工件中心等高，否则切断处将剩有凸台，且刀头也易损坏，如图 6.29 所示。

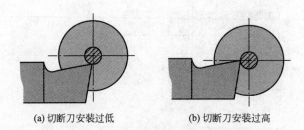

(a) 切断刀安装过低　　　(b) 切断刀安装过高

图 6.29　切断刀刀尖必须与工件中心等高

（3）切断刀伸出刀架的长度不可过长，进给须缓慢均匀。将切断时，必须放慢进给速度，以免刀头折断。

（4）切断钢件时需加切削液进行冷却润滑，切铸铁时一般可不加切削液，但必要时可用煤油进行冷却润滑。

（5）当须对采用两顶尖安装方式的工件切断时，不能直接切至中心，以防车刀折断，工件飞出。

3. 车成形面

成形面是指表面轴向剖面呈现曲线形特征的这类零件。下面介绍三种加工成形面的方法。

（1）样板刀车成形面。如图 6.30 所示为车圆弧的样板刀，用样板刀车成形面，其加工精度主要靠刀具保证。但应注意由于切削时接触面较大，切削抗力也大，易出现振动和工件移位。为此切削力要小些，工件必须夹紧。这种加工方法生产效率高，刀具刃磨较困难，车削时易振动，故只用于批量较大的生产中，车削刚性好、长度较短且较简单的成形面。

图 6.30　用圆头刀车削成形面

（2）用靠模车成形面。如图 6.31 所示为采用靠模加工手柄的成形面，此时刀架的横向滑板与丝杠脱开，其前端的拉杆上装有滚柱。当大拖板纵向走刀时，滚柱即在靠模的曲线槽内移动，确保车刀刀尖也随着作曲线移动，且用小刀架控制切深，即可车出手柄的成形面。这种方法加工成形面，操作简单，生产率较高，因此多用于成批生产。当靠模槽为直槽时，将靠模扳转一定角度，即可用于车削锥度。

但这种方法需制造专用靠模，故只用于大批量生产中车削长度较大、形状较为简单的成形面。

（3）手控制法车成形面。在单件加工成形面时，通常采用双手控制法来车削成形面，即双手同时摇动小滑板手柄和中滑板手柄，并通过双手协调动作，使刀尖走过的轨迹与所要求的成形面曲线相仿，如图 6.32 所示。

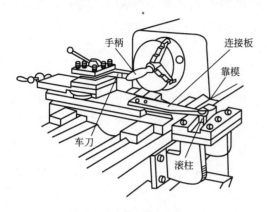

图 6.31　用靠模车成形面

图 6.32　用双手控制纵、横向进给车成形面

这种操作方法灵活、方便，不需要其他辅助工具，但需要较高的技术水平，多用于单件、小批生产。

4. 滚花

滚花是在车床上用滚花刀来实现的。在机械产品中所使用的各种工具和操作零件的手握部分，为方便握持和美观，常常在其握持表面上滚出各种不同的花纹。如百分尺的套管、铰杠扳手及螺纹量规等。这些花纹一般是在车床上用滚花刀滚压而形成的，如图 6.33 所示。花纹就其形状来讲有直纹和网纹，因此滚花刀也分直纹滚花刀（图 6.34（a））和网纹滚花刀（图 6.34（b）、（c））。从实质上来讲滚花就是用滚花刀来挤压工件，使其表面产生塑性变形而形成花纹。滚花的径向挤压力很大，因此加工时，工件的转速应低。需充分供给冷却润滑液，以免研坏滚花刀和防止细屑滞塞在滚花刀内而产生乱纹。

图 6.33　滚花

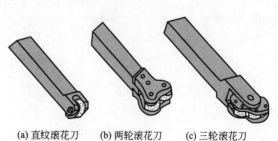

(a) 直纹滚花刀　　(b) 两轮滚花刀　　(c) 三轮滚花刀

图 6.34　滚花刀

6.5　车圆锥面

车圆锥是指将工件车削成圆锥表面的加工方法。常用的方法有宽刀法、转动小刀架法、靠模法、尾座偏移法等几种。

1. 宽刀法

当车削较短的圆锥面时，可用宽刃刀直接车出，如图 6.35 所示。其是成形法加工，要求切削刃必须平直，切削刃与主轴轴线的夹角应等于工件圆锥半角 $\alpha/2$。同时要求车床有较好的刚性，否则易引起振动。当工件的圆锥面长度大于切削刃长度时，可用多次接刀方法加工，但接刀处必须平整。

2. 转动小刀架法

当要加工的锥面不长时，可用转动小刀架法来车削，将小滑板下面转盘上的螺母松开，把转盘转至所需要的圆锥半角 $\alpha/2$ 的刻线上，与基准零线对正后固定转盘上的螺母，若锥角不为整数，可在锥角附近估计一值，试车后逐步找正，如图 6.36 所示。

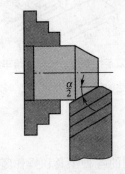
图 6.35　用宽刃刀车削圆锥

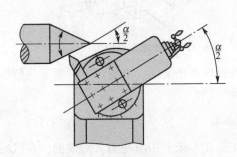
图 6.36　转动小滑板车圆锥

3. 尾座偏移法

当车削锥度小且锥面较长的工件时，可用偏移尾座的方法来加工。此方法可采用自动走刀，但不能车削整圆锥、内锥体及锥度较大的工件。将尾座上滑板横向偏移一个距离 S，使偏移后两顶尖连线与原来两顶尖中心线相交一个 $\alpha/2$ 角度，尾座偏向取决于工件大小头在两顶尖间的加工位置。尾座偏移量与工件的总长有关，如图 6.37 所示，尾座偏移量可用下列公式计算：

$$S = \frac{D-d}{2L} = L_0 \tag{6-4}$$

式中：S 为尾座偏移量，mm；L 为工件锥体部分长度，mm；L_0 为工件总长度，mm；D、d 分别为锥体大头直径和锥体小头直径，mm。

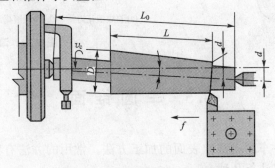
图 6.37　偏移尾座法车削圆锥

床尾偏移方向是由工件的锥体方向决定的。若靠近床尾处为工件小端，则床尾应向靠近轴线方向偏移，反之，床尾应向远离轴线方向偏移。

4. 靠模法

如图 6.38 所示，靠模板装置为车床加工圆锥面的附件。对于较长的外圆锥和圆锥孔，当其精度要求较高且批量较大时，常采用这种方法。

5. 车圆锥体的质量分析

（1）锥度不准确。其产生的原因是计算上的误差；小拖板转动角度和床尾偏移量调整不精确；或车刀、拖板、床尾没有固定，

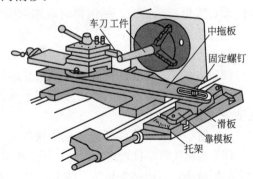

图 6.38 用靠模板车削圆锥面

在车削中移动所造成。或因工件的表面粗糙度太差，量规或工件上有毛刺或没有擦干净，而造成检验和测量的误差。

（2）锥度准确而尺寸不准确。产生的主要原因是粗心大意，测量不及时、不仔细，进刀量控制不准确，尤其是最后一刀没有掌握好进刀量所造成的误差。

（3）圆锥母线不直。圆锥母线不直是指锥面不是直线，锥面上产生凹凸现象或是中间低、两端高。主要原因是车刀安装没有对准中心。

（4）表面粗糙度不合要求。配合锥面一般精度要求较高，但表面粗糙度要求不高，这往往会造成废品。造成表面粗糙度差的原因是切削用量选择不当，车刀磨损或刃磨角度不对，没有进行表面抛光或者抛光余量不够。用小拖板车削锥面时，手动走刀不均匀，机床的运动导轨副间隙大，工件刚性差等。

6.6 孔 加 工

在车床上也可利用钻头、镗刀、扩孔钻头、铰刀来进行钻孔、镗孔、扩孔和铰孔等加工。在此主要介绍钻孔和镗孔的方法。

1. 钻孔

车床上钻孔是采用钻头将工件加工出孔的方法。钻孔公差等级为 IT10 以下，表面粗糙度为 $Ra12.5\mu m$，多用于粗加工孔。如图 6.39 所示，是将工件装夹在卡盘上，钻头安装

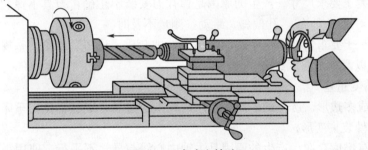

图 6.39 车床上钻孔

在尾架套筒锥孔内，钻孔前先车平端面并车出一中心凹坑或先用中心钻钻中心孔作为引导。钻孔时，摇动尾架手轮使钻头缓慢进给，应注意须经常退出钻头排屑，钻孔进给量不能过大，以免折断钻头，钻钢料时应加切削液。

钻孔注意事项如下：

(1) 起钻时，进给量须选小值，待钻头头部全部钻入工件后，方可正常钻削。

(2) 钻钢件时，应加冷却液，须防止因钻头发热而退火。

(3) 钻小孔或较深孔时，由于切屑不易排出，须经常退刀排屑，否则会因切屑堵塞而使钻头"咬死"或折断。

(4) 钻小孔时，工件转速应选择快些，钻头的直径越大，钻速应相应越慢。

(5) 当钻头将要接近终点时，由于钻头横刃首先钻出，轴向阻力会大大下降，此时进给速度必须减小，否则钻头易被工件卡死，造成锥柄在床尾套筒内打滑、损坏锥柄和锥孔。

2. 镗孔

在车床上对工件的孔进行车削的方法叫镗孔（又称车孔），镗孔可作为粗加工，也可作为精加工工序。镗孔分为镗通孔和镗盲孔，如图 6.40 所示。镗通孔基本上与车外圆相似，只是进刀和退刀方向相反。值得注意的是：在粗镗和精镗内孔时，须进行试切和试测，其方法与车外圆相同。对于镗刀的几何参数来讲，通孔镗刀主偏角宜选用 45°～75°，盲孔车刀主偏角宜选用大于 90°

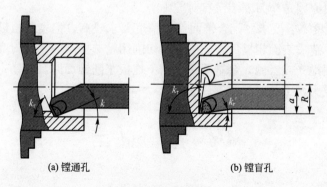

(a) 镗通孔　　　　　　　　　　(b) 镗盲孔

图 6.40　镗孔

3. 车内孔质量分析

1) 尺寸精度超差

主要是指几何尺寸和几何形状超差。

(1) 孔径大于要求尺寸。产生的原因是镗孔刀安装不正确，刀具不锋利，小拖板下面转盘基准线未对准"0"线，孔偏斜、跳动，测量不及时。

(2) 孔径小于要求尺寸。产生的原因是刀杆细造成"让刀"现象，塞规磨损或选择不当，镗刀磨损以及车削温度过高。

2) 几何精度超差

(1) 内孔成多边形。产生的原因是车床齿轮啮合过紧，接触不良，车床运动各部间隙过大，薄壁工件装夹变形。

(2) 内孔有锥度存在。产生的原因是主轴中心线与导轨不平行，使用小拖板时没有对准基准线，切削量过大或刀杆太细造成"让刀"现象。

（3）表面粗糙度达不到要求。产生的原因是刀刃不锋利，几何角度不正确，切削用量选择不当，冷却液供给不充分。

6.7 车 螺 纹

车螺纹是指将工件表面车削成螺纹的方法。螺纹按牙型具体有：三角螺纹、梯形螺纹、矩形螺纹等，如图6.41所示。其中普通公制三角螺纹应用最广。

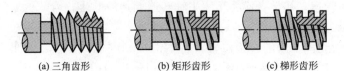

(a) 三角齿形　　　　(b) 矩形齿形　　　　(c) 梯形齿形

图6.41　螺纹的种类

1. 普通三角螺纹的基本牙型

普通三角螺纹的基本牙型如6.42所示。

决定螺纹的基本要素有三个：

（1）螺距P。它是沿轴线方向上相邻两牙间对应点的距离。

（2）牙型角α。螺纹轴向剖面内螺纹两侧面的夹角。

（3）螺纹中径$D_2(d_2)$。它是平螺纹理论高度H的一个假想圆柱体的直径。在中径处的螺纹牙厚和槽宽相等。只有内外螺纹中径相等时，两者才能有效地配合。

2. 车削外螺纹的方法与步骤

（1）准备工作。安装螺纹车刀时，车刀的刀尖角应等于螺纹牙型角$\alpha=60°$，其前角$\gamma_o=0°$才能保证加工出工件螺纹的牙型角是合格的，否则就会产生牙型角误差。只有粗加工时或螺纹

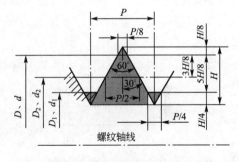

图6.42　普通三角螺纹基本牙型

D—内螺纹大径(公称直径)；

d—外螺纹大径(公称直径)；

D_2—内螺纹中径；d_2—外螺纹中径；

D_1—内螺纹小径；d_1—外螺纹小径；

P—螺距；H—原始三角形高度

精度要求不高时，其前角才可取$\gamma_o=5°\sim20°$。安装螺纹车刀时用样板对刀来保证刀尖对准工件中心，且应确保刀尖角的角平分线与工件的轴线相垂直，车出的牙型角才不会偏斜，如图6.43所示。

（2）应按螺纹规格要求车制螺纹外圆，按所需长度刻出螺纹长度终止线先将螺纹外径车至尺寸，后再用刀尖在工件上的螺纹终止处刻一条轻微可见刻线，来作为车螺纹的退刀标记。

（3）根据工件的螺距P值，查询机床标牌，调整进给箱上手柄位置及配换挂轮箱齿轮的齿数，以获得所需加工工件的螺距。

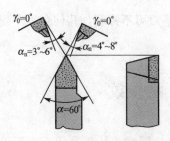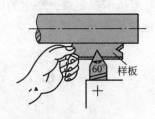

图 6.43 螺纹车刀几何角度与用样板对刀

（4）确定主轴转速。初学者应将车床主轴转速调到最低速。

（5）车螺纹的方法和步骤如下。

① 确定车螺纹切削深度的起始位置，将中滑板刻度调到零位，开车，使刀尖轻微接触工件表面，然后迅速将中滑板刻度调至零位，以便进刀记数。

② 试切第一刀螺旋线并检查螺距。将床鞍摇至离工件端面 8～10 螺距处，横向进刀 0.05mm 左右。开车，合上开合螺母，在工件表面车出一刀螺旋线，至螺纹终止线处退出车刀，开反车把车刀退到工件右端；停车，用钢尺检查螺距是否正确，如图 6.44(a) 所示。

③ 用刻度盘调整背吃刀量，开车切削，如图 6.44(d) 所示。螺纹总背吃刀量 a_p 与螺距的关系按经验公式 $a_p \approx 0.65P$，首次的背吃刀量约 0.1mm 左右。

④ 车刀接近终点时，应做好退刀停车准备，先快速退出车刀，再开反车退出刀架，如如图 6.44(e) 所示。

⑤ 再次横向进刀，继续切削至正确的牙型。

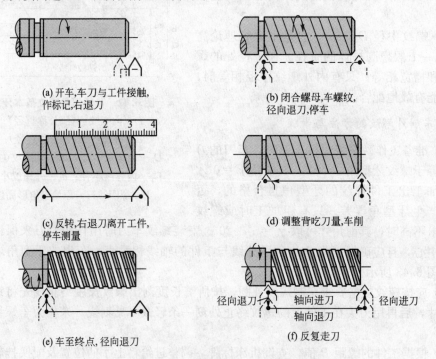

(a) 开车,车刀与工件接触,作标记,右退刀

(b) 闭合螺母,车螺纹,径向退刀,停车

(c) 反转,右退刀离开工件,停车测量

(d) 调整背吃刀量,车削

(e) 车至终点,径向退刀

(f) 反复走刀

图 6.44 螺纹切削方法与步骤

3. 螺纹车削注意事项

(1) 注意和消除拖板的"空行程"。

(2) 避免"乱扣"。当第一刀螺旋线车好后，第二次进刀车削，刀尖就不在原来的螺旋线(螺旋槽)中，可能偏左或偏右，甚至车在牙形中间，将螺纹车乱就叫做"乱扣"，预防乱扣采用倒顺(正反)车法车削。在采用左右切削法车削螺纹时，小拖板移动距离不可过大，若车削途中刀具损坏需重新换刀或者无意提起开合螺母时，应注意及时对刀。

(3) 对刀。对刀前先要安装好螺纹车刀，再闭合开合螺母，开正车(注意应空走刀)停车，移动中、小拖板使刀尖准确对正原来螺旋槽(不可移动大拖板)，同时根据所在螺旋槽中的位置重新作中拖板进刀的标记，将车刀退出，开倒车，将车刀退至螺纹头部，再进刀。对刀时一定要注意是正车对刀。

(4) 借刀。它是指螺纹车削到定深度后，应将小拖板向前或向后移动一距离再进行车削，借刀时，要注意小拖板移动距离不可过大，以免将牙槽车宽造成"乱扣"。

(5) 在采用两顶针装夹方法车螺纹时，若工件卸下后须重新车削时，应先对刀、后车削，以免"乱扣"。

(6) 安全注意事项如下。

① 车螺纹前，须先检查所有手柄是否处于车螺纹位置，防止盲目开车。

② 车螺纹时，要思想集中，动作迅速，反应灵敏。

③ 采用高速钢车刀车螺纹时，工件转速不可太快，以免刀具磨损。

④ 应防止车刀或刀架、拖板与卡盘、床尾相撞。

⑤ 旋转螺母时，应将车刀退离工件，防止车刀将手划破，不要开车旋紧或者退出螺母。

4. 车削螺纹的质量分析

车削螺纹的质量分析及预防方法见表6-2。

表6-2 车削螺纹时产生废品的原因及预防方法

废品种类	产生原因	预防方法
尺寸不正确	车外螺纹前的直径不对 车内螺纹前的孔径不对 车刀刀尖磨损 螺纹车刀切深过大或过小	根据计算尺寸车削外圆与内孔 经常检查车刀并及时修磨 车削时严格掌握螺纹切入深度
螺纹不正确	挂轮在计算或搭配时错误 进给箱手柄位置放错 车床丝杠和主轴窜动 开合螺母塞铁松动	车削螺纹时先车出很浅的螺旋线检查螺距是否正确 调整好开合螺母塞铁，必要时在手柄上挂上重物 调整好车床主轴和丝杠的轴向窜动量
牙形不正确	车刀安装不正确，产生半角误差 车刀刀尖角刃磨不正确 刀具磨损	用样板对刀 正确刃磨和测量刀尖角 合理选择切削用量和及时修磨车刀

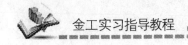
（续）

废品种类	产生原因	预防方法
螺纹表面 不光洁	切削用量选择不当 切屑流出方向不对 产生积屑瘤拉毛螺纹侧面 刀杆刚性不够产生振动	高速钢车刀车螺纹的切削速度不能太大，切削 厚度应小于 0.06，并加切削液 硬质合金车刀高速车螺纹时，最后一刀的切削 厚度要大于 0.1，切屑要垂直于轴心线方向排出 刀杆不能伸出过长，并选粗壮刀杆
扎刀和顶弯 工件	车刀径向前角太大 工件刚性差，而切削用量选择 太大	减小车刀径向前角，调整中滑板丝杆螺母间间隙 合理选择切削用量，增加工件装夹刚性

6.8　车床附件及其使用方法

附件是用来支撑、装夹工件的装置。正确使用附件（夹具）的技术经济效果十分显著。具体归纳如下：

（1）可扩大机床工作范围。由于工件的种类很多，而机床的种类和台数有限，采用不同夹具，可实现一机多用，提高机床的利用率。

（2）可使工件质量稳定。采用夹具装夹工件后，可使其各个表面的相互位置由夹具来保证，比划线找正所达到的加工精度高，且能使同一批工件的定位精度、加工精度基本一致，工件互换性高。

（3）提高生产率，降低成本。采用夹具装夹工件，一般可简化工件的安装，减少安装工件所需的辅助时间。同时，夹具安装稳定，工件刚度提高，可加大切削用量，减少机加工时间，提高生产率。

（4）改善劳动条件。用夹具安装工件，方便、省力、安全，不仅改善了劳动条件，而且降低了对工人技术水平的要求。

1. 用四爪卡盘安装工件

四爪卡盘的外形如图 6.45(a) 所示，其四个爪通过四个螺杆独立移动。特点是能装夹形状比较复杂的非回转体如方形、长方形等，且夹紧力大。由于其装夹后不能自动定心，所以装夹效率较低，装夹时必须用划线盘或百分表找正，使工件回转中心与车床主轴中心对正，如图 6.45(b) 所示为用百分表找正外圆的示意图。

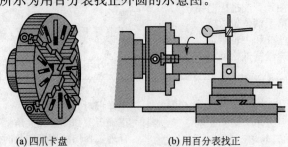

(a) 四爪卡盘　　　　　　(b) 用百分表找正

图 6.45　四爪卡盘装夹工件

2. 用顶尖安装工件

对同轴度要求比较高且需要调头加工的轴类工件，常用双顶尖装夹工件，如图 6.46 所示，其中前顶尖为普通顶尖，装在主轴孔内，并随主轴一起旋转，后顶尖为活顶尖，装在尾架套筒内。工件利用中心孔被顶夹在前后顶尖之间，通过拨盘和卡箍随主轴一起转动。用顶尖安装工件应注意：

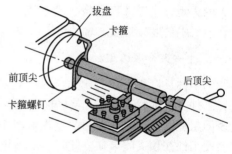

图 6.46 用顶尖安装工件

（1）卡箍上的支承螺钉不能支承太紧，以防工件变形。

（2）由于靠卡箍传递扭矩，所以车削工件的切削用量应取小值。

（3）钻两端中心孔时，要先用车刀把端面车平，再用中心钻钻中心孔。

（4）安装拨盘和工件时，先要擦净拨盘的内螺纹和主轴端的外螺纹，把拨盘拧在主轴上，再把轴的一端装在卡箍上，最后在双顶尖中间安装工件。

3. 用心轴安装工件

当以内孔为定位基准，并要保证外圆轴线和内孔轴线的同轴度要求时，应采用心轴定位，工件以圆柱孔定位常用圆柱心轴和小锥度心轴；对于带有锥孔、螺纹孔、花键孔的工件定位，常用相应的锥体心轴、螺纹心轴和花键心轴。

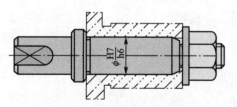

图 6.47 在圆柱心轴上定位

圆柱心轴是以外圆柱面定心、端面压紧来装夹工件的，如图 6.47 所示。心轴与工件孔一般选用 H7/h6、H7/g6 的间隙配合，工件能很方便地安装在心轴上。由于配合间隙较大，一般只能保证同轴度 0.02mm 左右。为消除间隙，应提高心轴定位精度，心轴可加工成锥体，锥体的锥度要很小，否则工件在心轴上会产生歪斜，如图 6.48（a）所示。常用的锥度为 $C=1/1000\sim1/5000$。定位时，工件楔紧在心轴上，楔紧后孔会产生弹性变形，如图 6.48（b）所示，从而使工件不致倾斜。

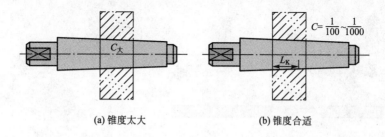

(a) 锥度太大   (b) 锥度合适

图 6.48 圆锥心轴安装工件的接触情况

小锥度心轴的优点是靠楔紧产生的摩擦力带动工件，不需要其他夹紧装置，定心精度高，可达 0.005～0.01。缺点是工件的轴向无法定位。

当工件直径不太大时，可采用锥度心轴来安装，此锥度为 1：1000～1：2000。工件装入压紧、靠摩擦力与心轴固紧。锥度心轴对中准确、加工精度高、装卸方便，但不能承受过大的力矩。当工件直径较大时，则应采用带有压紧螺母的圆柱形心轴。它的夹紧力较大，但对中精度较锥度心轴的低。

4. 中心架和跟刀架的使用

当工件长度跟直径之比大于 25 倍($L/d>25$)时，由于工件本身的刚性变差，在车削时，工件受切削力、自重和旋转时离心力的作用，会产生弯曲、振动，严重影响其圆柱度和表面粗糙度，同时，在切削过程中，工件受热伸长产生弯曲变形，车削很难进行，严重时会使工件在顶尖间卡住，此时需要采用中心架或跟刀架来支承工件进行安装。

(1) 用中心架支承车细长轴。一般在车削细长轴时，用中心架来提高工件刚性，当工件可进行分段切削时，中心架支承在工件中间，如图 6.49 所示。在工件安装中心架之前，须在毛坯中部车出一段支承中心架支承爪的沟槽，其表面粗糙度及圆柱误差要小，并在支承爪与工件接触处经常加润滑油。为提高工件精度，车削前应将工件轴线调整至与机床主轴回转中心同轴。当车削支承中心架的沟槽比较困难或一些中段不需加工的细长轴时，可用过渡套筒，使支承爪与过渡套筒的外表面接触，过渡套筒的两端各装有四个螺钉，用这些螺钉夹住毛坯表面，并调整套筒外圆的轴线与主轴旋转轴线相重合。

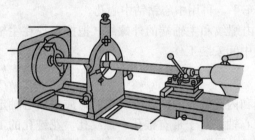

图 6.49　用中心架支承车削细长轴

(2) 用跟刀架支承车细长轴。对不能调头车削的细长轴，不可用中心架支承，须用跟刀架支承进行车削，以提高工件刚性，如图所示 6.50 所示。跟刀架固定在床鞍上，一般有两个支承爪，它可跟随车刀一起移动，可抵消径向切削力，提高车削细长轴的形状精度和减小表面粗糙度，如图 6.50(a)所示为两爪跟刀架，因为车刀给工件的切削抗力 F'_r，使工件贴在跟刀架的两支承爪上，由于工件本身重力向下，以及偶然弯曲，车削时会瞬时离开支承爪、接触支承爪时产生振动。所以比较理想的中心架需用三爪中心架，如图 6.50(b)所示。此时，由三爪和车刀抵住工件，使之上下、左右都不能移动，车削时稳定，不易产生振动。

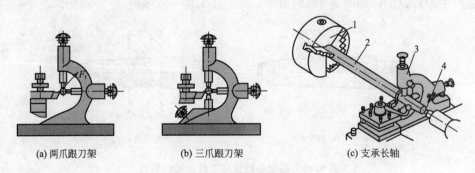

(a) 两爪跟刀架　　　　　　(b) 三爪跟刀架　　　　　　(c) 支承长轴

图 6.50　跟刀架支承长轴

1—三爪卡盘；2—工件；3—跟刀架；4—顶尖

5. 用花盘、弯板及压板、螺栓安装工件

对于形状不规则的工件，是无法使用三爪或四爪卡盘来装夹工件的，此时可用花盘来装夹。花盘是安装在车床主轴上的一个大圆盘，盘面上有许多长槽用以穿放螺栓，工件可用螺栓直接安装在花盘上，如图 6.51 所示。也可把辅助支承角铁(弯板)用螺钉牢固夹持在花盘上，工件便可安装在弯板上。如图 6.52 所示为加工一轴承座端面和内孔，在花盘上装夹工件的情况。为防止工件转动时因重心偏向一侧而产生振动，常采用在工件的另一侧要加平衡块。工件在花盘上的位置须经仔细找正。

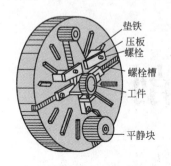

图 6.51　在花盘上安装零件

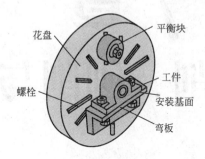

图 6.52　在花盘上用弯板安装零件

6.9　安全技术规范

车工安全技术规范如下：

（1）车床主轴运转时严禁变速，必须停车后，方可进行调整。

（2）卡盘扳手夹紧工件后应立即取下，并放置在指定的地点，以免开车飞出伤人。

（3）车刀的刀尖应调节为与工件轴心线等高，且刀尖不可伸出过长，不得超出刀杆厚度两倍。

（4）车削时，切削速度、背吃刀量、进给量等应选择合理，不得任意加大。

（5）切削中途若需停车，不得用开倒车来代替刹车，严禁用手压住卡盘。

（6）切削时，严禁将头部靠近工件及刀具，人应站在偏离切屑飞出方向，以免切屑伤人，切屑应用铁钩清理。

第**7**章
铣削、刨削与磨削

7.1 铣 工

1. 铣削加工简介

铣削是指在铣床上用铣刀加工工件的工艺过程。它是金属切削加工中最常用的方法之一。铣削时，铣刀的旋转为主运动，工件的直线为进给运动。

1）铣削特点

（1）铣刀是一种多齿刀具，在铣削时，铣刀刀齿为非连续的间歇切削，散热和冷却条件好，耐用度高，切削速度高。

（2）铣削时为多齿切削，可采用较大的切削用量，与刨削相比，铣削有较高的生产率，在成批及大量生产中，铣削几乎代替刨削。

（3）由于铣刀刀齿的不断切入、切出，铣削力不断地变化，故铣削容易产生振动。

（4）铣削加工表面粗糙度值低，由于转速高，铣刀存在端跳，加工平面的平面度与刨削相比要稍低。

2）铣削用量

铣削时的铣削用量由切削速度、进给量、背吃刀量（铣削深度）和侧吃刀量（铣削宽度）四要素组成。其铣削用量如 7.1 所示。

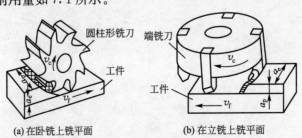

(a) 在卧铣上铣平面　　　　　(b) 在立铣上铣平面

图 7.1　铣削运动及铣削用量

(1) 切削速度 v_c。切削速度即铣刀最大直径处的线速度，可由下式计算：

$$v_c = \frac{\pi dn}{1000} \qquad (7-1)$$

式中：v_c 为切削速度(m/min)；d 为铣刀直径(mm)；n 为铣刀每分钟转数(r/min)。

(2) 进给量 f。铣削时，工件沿进给运动方向相对刀具的移动量为铣削进给量。由于铣刀为多刃刀具，计算时按单位时间不同，有以下三种度量方法：

① 每齿进给量 f_z(mm/z)是指铣刀每转过一个刀齿时，工件对铣刀的进给量(即铣刀每转过一个刀齿，工件沿进给方向移动的距离)，其单位为 mm/z。

② 每转进给量 f 是指铣刀每一转，工件对铣刀的进给量(即铣刀每转，工件沿进给方向移动的距离)，其单位为 mm/r。

③ 每分钟进给量 v_f，又称进给速度，是指工件对铣刀每分钟进给量(即每分钟工件沿进给方向移动的距离)，其单位为 mm/min。上述三者的关系为：

$$v_f = fn = f_z zn \qquad (7-2)$$

式中：z 为铣刀齿数；n 为铣刀每分钟转速(r/min)。

(3) 背吃刀量(又称铣削深度)a_p。铣削深度为平行于铣刀轴线方向测量的切削层尺寸(切削层是指工件上正被刀刃切削的那层金属)，单位为 mm。因周铣与端铣相对于工件方位不同，故铣削深度的表示也有所不同。

(4) 侧吃刀量(又称铣削宽度)a_c。铣削宽度是指垂直于铣刀轴线方向测量的切削层尺寸，单位为 mm。

(5) 铣削用量选择的原则。粗铣时，为保证刀具耐用度，应优先选用较大的侧吃刀量或背吃刀量，其次为加大进给量，最后才是根据刀具耐用度来选择适宜的切削速度，这是从切削速度对刀具耐用度影响最大、进给量次之、侧吃刀量或背吃刀量影响最小的角度来考虑的；精铣时，为减小工艺系统弹性变形及抑制积屑瘤产生，须选用较小进给量。对于硬质合金铣刀应选用较高的切削速度，对高速钢铣刀应选用较低的切削速度，若铣削过程中产生积屑瘤，也可选用较高的切削速度。

3) 铣削的应用

铣床的加工范围很广，可加工平面、斜面、垂直面、各种沟槽和成形面(如齿形)，如图 7.2 所示。有时孔的钻、镗加工也可在铣床上进行，如图 7.3 所示。铣床的加工精度一般为 IT9～IT8；表面粗糙度一般为 $Ra6.3～1.6\mu m$。

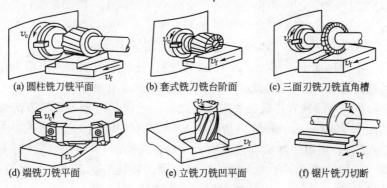

(a) 圆柱铣刀铣平面　　(b) 套式铣刀铣台阶面　　(c) 三面刃铣刀铣直角槽

(d) 端铣刀铣平面　　(e) 立铣刀铣凹平面　　(f) 锯片铣刀切断

图 7.2　铣削加工的应用范围

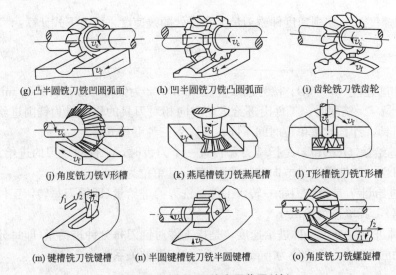

(g) 凸半圆铣刀铣凹圆弧面 (h) 凹半圆铣刀铣凸圆弧面 (i) 齿轮铣刀铣齿轮

(j) 角度铣刀铣V形槽 (k) 燕尾槽铣刀铣燕尾槽 (l) T形槽铣刀铣T形槽

(m) 键槽铣刀铣键槽 (n) 半圆键槽铣刀铣半圆键槽 (o) 角度铣刀铣螺旋槽

图 7.2 铣削加工的应用范围（续）

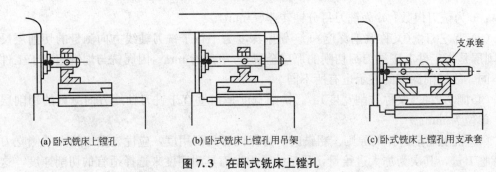

(a) 卧式铣床上镗孔 (b) 卧式铣床上镗孔用吊架 (c) 卧式铣床上镗孔用支承套

图 7.3 在卧式铣床上镗孔

4) 铣削方式

铣削一般按铣削方式可分为周铣与端铣、顺铣与逆铣。

(1) 周铣和端铣。周铣是指用刀齿分布在圆周表面的铣刀来进行铣削的方式，如图 7.2(a) 所示；端铣是指用刀齿分布在圆柱端面上的铣刀来进行铣削的方式，如图 7.2(d) 所示。就加工平面来讲端铣比周铣较为有利，其原因如下：

① 端铣刀的副切削刃对已加工表面有修光作用，可降低加工表面粗糙度值，周铣表面一般会出现波纹。

② 端铣刀同时参加切削的刀齿数较多，切削力变化较小，振动较周铣小。

③ 端铣刀主切削刃在切入时，切屑厚度不为零，刀刃不易磨损。

④ 端铣刀刀杆伸出较短，刚性好，可用较大的切削用量。

由此可见，端铣法加工质量较好，生产率较高。铣削平面大多采用端铣。但周铣对加工各种形面的适应性较广，有些形面则只可用周铣，如成形面等。

(2) 逆铣和顺铣。周铣有逆铣法和顺铣法之分。逆铣是指铣刀旋转方向与工件的进给方向相反，如图 7.4(a) 所示；顺铣是指铣刀旋转方向与工件的进给方向相同，如图 7.4(b) 所示。在逆铣时，切屑厚度从零逐渐增大，将在表面滑行一段距离才能真正切入，这就使得刀刃易于磨损，增大了加工表面的粗糙度值，且铣刀对工件产生上抬的切削分力，影响工件安装稳定性。

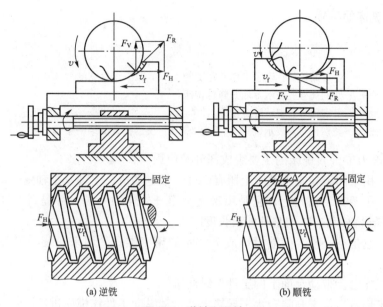

(a) 逆铣　　　　　　　　　　　　(b) 顺铣

图 7.4　逆铣和顺铣

2. 铣床

铣床种类很多，常用的有卧式铣床、立式铣床、龙门铣床和数控铣床及铣镗加工中心等。一般工厂卧式铣床和立式铣床应用最广，其中万能卧式升降台式铣床，简称万能卧式铣床，应用最多。

1）万能卧式铣床。

卧式万能升降台铣床简称万能铣床，如图 7.5 所示。其主轴水平，与工作台面平行，万能铣床型号以及组成部分和作用如下。

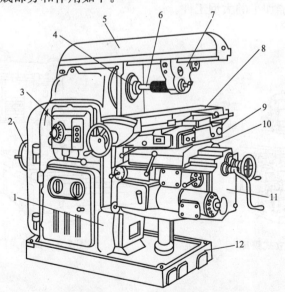

图 7.5　X6132 卧式万能铣床升降台铣床

1—床身；2—电动机；3—变速机构；4—主轴；5—横梁；6—刀杆；7—刀杆支架；
8—纵向工作台；9—转台；10—横向工作台；11—升降台；12—底座

（1）万能铣床的型号。

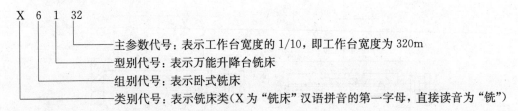

X 6 1 32

主参数代号：表示工作台宽度的 1/10，即工作台宽度为 320m
型别代号：表示万能升降台铣床
组别代号：表示卧式铣床
类别代号：表示铣床类（X 为"铣床"汉语拼音的第一字母，直接读音为"铣"）

（2）X6132 万能卧式铣床的主要组成部分及作用。

① 床身。用来固定和支承铣床上所有部件，如电动机、主轴及主轴变速机构等。

② 横梁。吊架安装在其上，它是用来支承刀杆外伸的一端，可提高刀杆刚性。横梁可沿床身水平导轨移动，以调整其伸出长度。

③ 主轴。它是空心轴，前端设计成 7：24 的精密锥孔，用来安装铣刀刀杆并带动铣刀旋转。

④ 纵向工作台。带动台面上的工件作纵向进给。

⑤ 横向工作台。位于升降台水平导轨上，带动纵向工件作横向进给。

⑥ 转台。其作用是将纵向工作台在水平面内扳转一定角度，以便铣削螺旋槽。

⑦ 升降台。它可使工作台沿床身垂直导轨上下移动，以调整工作台面到铣刀的距离，并作垂直进给。带有转台的卧铣，由于其工作台除了能作纵向、横向和垂直方向移动外，尚能在水平面内左右扳转 45°，因此称为万能卧式铣床。

2）升降台铣床及龙门铣床

（1）立式升降台铣床。如图 7.6 所示，其主轴与工作台面垂直。根据加工的需要，可将立铣头（主轴）偏转一定角度。

（2）龙门铣床属大型机床之一，如图 7.7 所示为四轴龙门铣床外形图。它一般用来加工卧式、立式铣床不能加工的大型工件。

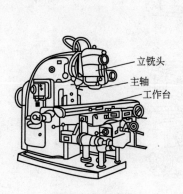

立铣头
主轴
工作台

图 7.6 立式铣床

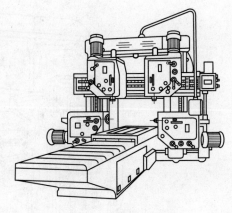

图 7.7 四轴龙门铣床

3. 铣刀及其安装

1）铣刀

依据铣刀安装方法不同可分为带孔铣刀和带柄铣刀。带孔铣刀多用在卧式铣床上，带柄铣刀多用在立式铣床上。带柄铣刀又分为直柄铣刀和锥柄铣刀。

(1) 常用的带孔铣刀有如下几种。

① 圆柱铣刀。其刀齿分布在圆柱表面上，有直齿(图7.1(a))和斜齿(图7.3(a))之分，主要用于铣削平面。由于斜齿圆柱铣刀的每个刀齿是逐渐切入和切离工件的，故工作较平稳，加工表面粗糙度数值小，但会产生轴向切削力。

② 圆盘铣刀。主要有三面刃铣刀、锯片铣刀等。如图7.3(c)所示为三面刃铣刀，主要用于加工不同宽度的直角沟槽及小平面、台阶面等。如图7.3(f)所示锯片铣刀用于铣窄槽和切断。

③ 角度铣刀。如图7.3(j)、7.3(k)、7.3(o)所示，具有各种不同的角度，用于加工各种角度的沟槽及斜面等。

④ 成形铣刀。如图7.3(g)、7.3(h)、7.3(i)所示，其切刃呈凸圆弧、凹圆弧、齿槽形等。用于加工与切刃形状相对应的成形面。

(2) 常用的带柄铣刀有如下几种。

① 立铣刀。如图7.3(e)所示。立铣刀有直柄和锥柄，多用于加工沟槽、小平面、台阶面等。

② 键槽铣刀。如图7.3(m)所示，专门用于加工封闭形键槽。

③ T形槽铣刀：如图7.3(l)所示，专门用于加工T形槽。

④ 镶齿端铣刀：如图7.3(d)所示，一般刀盘上装有硬质合金刀片，加工平面时可进行高速铣削，以提高工作效率。

2) 铣刀的安装

(1) 孔铣刀的安装。

① 带孔铣刀中的圆柱形、圆盘形铣刀，多用长刀杆安装，如图7.8所示。长刀杆一端有7：24锥度与铣床主轴孔配合，安装刀具的刀杆部分，根据刀孔的大小来分型号，常用的有Φ16、Φ22、Φ27、Φ32等。用长刀杆安装带孔铣刀时应注意：铣刀应尽可能地靠近主轴或吊架，以保证铣刀有足够的刚性，套筒端面与铣刀的端面须擦干净，以减小铣刀端跳，拧紧刀杆压紧螺母时，须先装上吊架，以防刀杆受力弯曲。斜齿圆柱铣所产生的轴向切削力应指向主轴轴承，主轴转向与铣力旋向的选择见表7-1。

② 带孔铣刀中的端铣刀，多用短刀杆安装，如图7.9所示。

(2) 带柄铣刀的安装。

① 锥柄铣刀的安装，如图7.10(a)所示。应根据铣刀锥柄大小来选择合适的变锥套，只有将各配合表面擦净，才可用拉杆把铣刀及变锥套一起拉紧在主轴上。

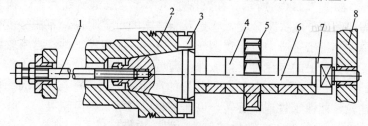

图7.8 圆盘铣刀的安装

1—拉杆；2—铣床主轴；3—端面键；4—套筒；5—铣刀；

6—刀杆；7—螺母；8—刀杆支架

表 7-1 主轴转向与斜齿圆柱铣刀旋向的选择

情况	铣刀安装简图	螺旋线方向	主旋转方向	轴向力的方向	说明
1	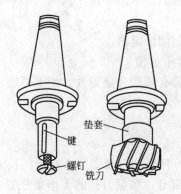	左旋	逆时针方向旋转	向着主轴轴承	正确
2		左旋	顺时针方向旋转	离开主轴轴承	不正确

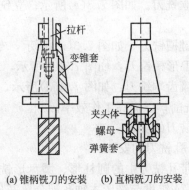

图 7.9 端铣刀的安装

图 7.10 带柄铣刀的安装

(a) 锥柄铣刀的安装   (b) 直柄铣刀的安装

② 直柄立铣刀的安装，这类铣刀多为小直径铣刀，一般不超过 $\Phi20$mm，多采用弹簧夹头进行安装，如图 7.10(b)所示。将铣刀柱柄插入弹簧套孔中，用螺母压弹簧套端面，使弹簧套外锥面受压后孔径缩小，即可将铣刀夹紧。

4. 铣床附件及工件安装

1) 铣床附件及其应用

其主要附件有分度头、平口钳、万能铣头和回转工作台，如 7.11 所示。

(1) 分度头，如图 7.11(a)所示。在铣削加工中，常会遇到铣六方、齿轮、花键和刻线等，此时就需要利用分度头来分度，它是万能铣床的重要附件，万能分度头由于具有广泛的用途，在单件小批量生产中应用较多。其作用有：能实现工件绕自身轴线周期性旋转一定角度；分度头主轴上的卡盘可夹持工件，满足工件轴线相对于铣床工作台轴线向上偏转 90°和向下偏转 10°的需要，以加工各种位置的沟槽、平面等；与工作台纵向进给运动配合，通过配换挂轮，能使工件连续旋转，以加工螺旋沟槽、斜齿轮等。

① 分度头的结构。分度头主轴为空心轴，两端均带有锥孔，前锥孔可安装顶尖(莫氏4号)，后锥孔可安装心轴，以便于差动分度时挂轮，把主轴运动传给侧轴带动分度盘旋转。主轴前端外部为螺纹，用来安装三爪卡盘，如图 7.12 所示。

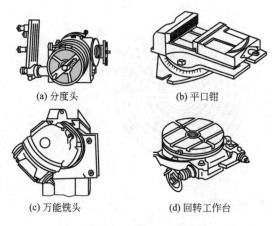

(a) 分度头　　　　　(b) 平口钳

(c) 万能铣头　　　　　(d) 回转工作台

图 7.11　常用铣床附件

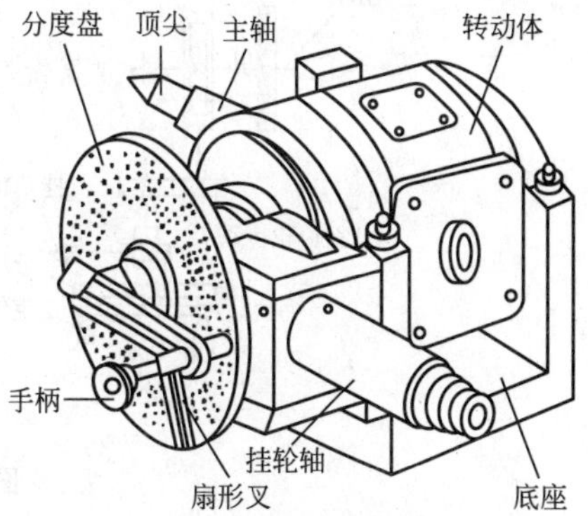

分度盘　顶尖　主轴　　　转动体

手柄

挂轮轴

扇形叉　　　底座

图 7.12　万能分度头外形

松开壳体上部的两个螺钉，主轴可随回转体在壳体环形导轨内转动，主轴除水平安装外，还可倾斜安装，倾斜角度可从刻度上读出。当主轴调整至所需的位置后，应拧紧螺钉紧固。

在壳体下部，固定两定位块，以便与铣床工台面 T 形槽相配合，以保证主轴轴线准确地平行于工作台纵向进给方向。手柄用来紧固或松开主轴，分度时松开，分度后紧固，以防铣削过程中主轴松动。控制蜗杆手柄，可控制蜗杆和蜗轮的啮合状态，即分度头内部的传动切断或结合。当断开蜗杆传动，可用手动分度。

② 分度方法。分度头传动系统如图 7.13(a)所示，当转动分度手柄后，通过传动机构（传动比 1∶1 的一对齿轮，1∶40 的蜗轮蜗杆），使分度头主轴带动工件转动一定角度。若手柄转一圈，主轴带动工件就转 1/40 圈。若要将工件圆周等分为 Z 等分，则每次分度工件应转过 1/Z 圈。设每次分度手柄的转数为 n，则手柄转数与工件等分数 Z 之间有如下关系：

$$1 \colon 40 = \frac{1}{Z} \colon n$$

$$n = \frac{40}{Z} \tag{7-3}$$

分度头分度的方法有直接分度法、简单分度法、角度分度法和差动分度法等。在此仅介绍常用的简单分度法。如铣齿数 $Z=35$ 的齿轮，需对齿轮毛坯的圆周作 35 等分，每一次分度时，手柄转数为：

$$n = \frac{40}{Z} = \frac{40}{35} = 1\frac{1}{7}(\text{圈})$$

分度时，如果求出的手柄转数不是整数，则可利用分度盘上的等分孔距来确定。分度盘如图 7.13(b)所示，一般备有两块分度盘。分度盘两面均带有多圈孔数不等的孔，同一圈上的孔距相等。

分度头第一块分度盘正面各圈孔数依次为：24、25、28、30、34、37；反面各圈孔数依次为：38、39、41、42、43。

第二块分度盘正面各圈孔数依次为：46、47、49、51、53、54；反面各圈孔数依次为：57、58、59、62、66。

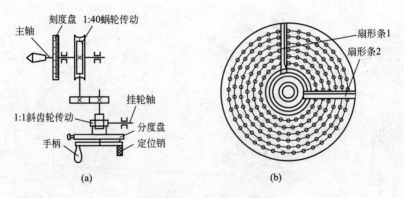

图 7.13　分度头的传动

按上例计算结果，即每分一齿，手柄需转过 $1\frac{1}{7}$ 圈，其中 1/7 圈需通过分度盘来控制。用简单分度法需先将分度盘固定，再将分度手柄上的定位销调整到孔数为 7 的倍数（如 28、42、49）的孔圈上，如在孔数为 28 的孔圈上。此时分度手柄转过 1 整圈后，再沿孔数为 28 的孔圈转过 4 个孔距。

为确保手柄转过的孔距数可靠，可通过分度盘上的扇形条 1、2 间的夹角来调整，使之正好等于分子的孔距数，这样依次进行分度就可准确无误。

(2) 平口钳。它是一种通用夹具，经常用其安装小型工件，如图 7.11(b) 所示。

(3) 万能铣头。如图 7.11(c) 所示，在卧式铣床上安装万能铣头，可根据铣削的需要，将铣头主轴扳成任意角度。万能铣头通过螺栓固定在铣床垂直导轨上。铣床主轴运动通过铣头内一对锥齿轮传至铣头主轴上。铣头壳体可绕铣床主轴轴线偏转任意角度。

(4) 回转工作台，如图 7.11(d) 所示，又称为转盘、平分盘、圆形工作台等。其内部采用蜗轮蜗杆传动。当摇动手轮时，通过蜗杆轴就可直接带动与转台相连的蜗轮转动。转台周围有刻度，可用来观察和确定转台位置。拧紧固定螺钉，转台就固定在选定的位置上。转台中央有一孔，利用它可方便地确定工件回转中心。当底座上的槽和铣床工作台 T形槽对正后，即可用螺栓将回转工作台固定在铣床工作台上。铣圆弧槽时，工件安装在回转工作台上，铣刀旋转，用手均匀缓慢地摇动回转工作台来实现工件铣削圆弧槽的需要。

2) 工件的安装

铣床上常用的工件安装方法有以下几种。

(1) 平口钳安装工件。在铣削过程中，常用平口钳来安装工件，如图 7.14 所示。它具有结构简单、夹紧牢固等特点，应用广泛。平口钳尺寸规格是以其钳口宽度来划分的。

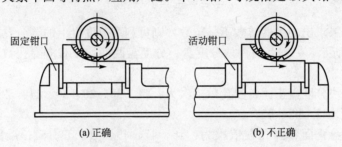

图 7.14　平口钳安装工件

X62W 型铣床配用的平口钳为 160mm。回转式平口钳可绕底座旋转 360°，可固定在水平面任意位置上，扩大了其工作范围，是目前主要应用类型。平口钳是通过 T 形螺栓固定在铣床上，底座上配有定位键，它与工作台上中间的 T 形槽相配合，以提高平口钳安装定位精度。

（2）压板、螺栓和垫铁安装。对于大型工件或平口钳难以安装的工件，可用压板、螺栓和垫铁将工件直接固定在工作台上，如图 7.15(a)所示，应注意以下事项：

① 压板位置要布置得当，压紧点应靠近加工面，压紧力大小要适合。粗加工时，压紧力应大，以防止切削过程中工件移动；精加工时，压紧力要合适，以防止工件变形。

② 若采用垫铁安装，应检查工件与垫铁是否贴紧，若未贴紧，须垫上铜皮或纸板，直至贴紧为止。

③ 压板须压在垫铁处，以免工件因受压紧力变形。

④ 安装薄壁工件时，在其空心位置处，可用活动支承(千斤顶等)增加刚度。

⑤ 工件压紧后，应用划针盘复查加工线是否与工作台平行，避免工件压紧过程中变形或走动。

（3）分度头安装工件。它一般用于等分面的加工，将分度头卡盘(或顶尖)与尾架顶尖一起使用安装轴类工件，如图 7.15(b)所示。也可只用分度头卡盘安装工件，分度头主轴可在垂直平面内转动，能实现分度头在水平、垂直及倾斜位置安装工件，如图 7.15(c)、(d)所示。

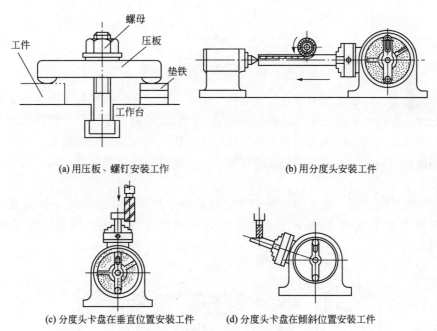

(a) 用压板、螺钉安装工作   (b) 用分度头安装工件

(c) 分度头卡盘在垂直位置安装工件   (d) 分度头卡盘在倾斜位置安装工件

图 7.15 工件在铣床上常用的安装方法

5. 铣削的基本操作

1) 铣平面

平面加工可用圆柱铣刀、端铣刀或三面刃盘铣刀在卧式铣床或立式铣床上来实现。

（1）圆柱铣刀铣平面。圆柱铣刀一般用于卧式铣床铣平面，圆柱铣刀采用螺旋齿，铣刀宽度必须大于所铣平面的宽度。螺旋线方向应满足所产生的轴向力将铣刀推向主轴轴承方向。

圆柱铣刀是通过长刀杆安装在卧式铣床的主轴上，刀杆锥柄与主轴锥孔相配，并用一拉杆拉紧。刀杆键槽与主轴方键相配，用来传递动力。安装铣刀时，应先将垫圈装在刀杆上再装上铣刀，如图 7.16(a)所示。应使铣刀切削刃的切削方向与主轴旋转方向一致，尽量靠近床身。在铣刀另一侧套装垫圈，用手轻轻旋紧螺母，如图 7.16(b)所示。最后安装吊架，使刀杆前端装入吊架轴承孔内，拧紧吊架紧固螺钉，如图 7.16(c)所示。初步拧紧刀杆螺母后，开车观察铣刀是否装正，然后用力拧紧螺母，如图 7.16(d)所示。

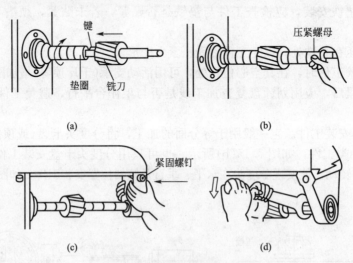

图 7.16　安装圆柱铣刀的步骤

操作方法为：根据工艺卡规定来调整机床转速和进给量，依据加工余量来调整铣削深度。铣削时，先用手动使工作台纵向靠近铣刀，而后才采用自动进给；当进给行程未达到终点时不可停止进给，否则铣刀会在停止处切入金属，形成表面深啃现象；铣削铸铁时不需加切削液，因铸铁中的石墨可起润滑作用；铣削钢料时须用切削液，通常用含硫矿物油作切削液。

（2）端铣刀铣平面。端铣刀一般用于立式铣床上铣平面，也可用于卧式铣床上铣侧面。通常先将铣刀装在刀轴上，再将刀轴安装到机床主轴上，用拉杆螺丝拉紧，如图 7.17 所示。

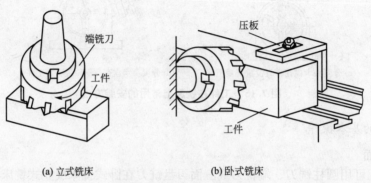

(a) 立式铣床　　　(b) 卧式铣床

图 7.17　用端铣刀铣平面

用端铣刀铣平面与用圆柱铣刀铣平面相比，其特点是：切削厚度变化较小，同时切削的刀齿较多，切削平稳；端铣刀主切削刃担负主要切削，副切削刃有修光作用，表面光整；端铣刀刀齿易于镶装硬质合金刀片，可进行高速铣削，刀杆比圆柱铣刀刀杆短，刚性较好，能减小振动，有利于提高铣削用量。端铣既能提高生产率，也可提高表面质量，在大批量生产中，端铣已成为加工平面的主要方式之一。

2）铣斜面

带有斜面的工件是很常见的，铣削斜面的方法有很多，下面介绍常用的几种方法。

（1）使用斜垫铁铣斜面，如图 7.18（a）所示，在工件基准面下垫一斜垫铁，便可铣出与基准面成一定角度的斜面来，只需改变斜垫铁角度，即可加工出不同角度的斜面。

（2）用万能铣头铣斜面，如图 7.18（b）所示，万能铣头能方便地改变刀轴的空间位置，可转动铣头使刀具相对工件倾斜成一定角度，就可铣出所要加工的斜面。

（3）用角度铣刀铣斜面，如图 7.18（c）所示，较小的斜面可用合适的角度铣刀来加工。若加工工件批量较大，常采用专用夹具来铣斜面。

（4）用分度头铣斜面，如图 7.18（d）所示，在圆柱形及一些特殊形状的工件上加工斜面时，可利用分度头将工件转成所需的角度位置来铣所要加工的斜面。

(a) 用斜垫铁铣斜面　　(b) 用万能铣头铣斜面　　(c) 用角度铣刀铣斜面　　(d) 用分度头铣斜面

图 7.18　铣斜面的几种方法

3）铣键槽

在铣床上能加工的沟槽种类很多，如直槽、角度槽、V 形槽、T 形槽、燕尾槽和键槽等。现仅介绍键槽、T 形槽和燕尾槽的加工方法。

（1）铣键槽。常见键槽有封闭式和敞开式。在轴上铣封闭式键槽时，一般用键槽铣刀来加工，如图 7.19（a）所示。键槽铣刀轴向进给不可太大，切削时应逐层进行。敞开式键槽多在卧式铣床上用三面刃铣刀来加工，如图 7.19（b）所示。值得注意的是：在铣削键槽前，须认真对刀，方可保证键槽对称度要求。

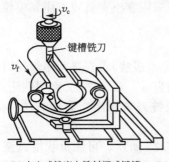

(a) 在立式铣床上铣封闭式键槽

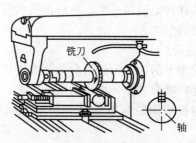

(b) 在卧式铣床上铣敞开式键槽

图 7.19　铣键槽

若采用立铣刀加工，因立铣刀中心无切削刃，不能向下进刀，须预先在键槽一端钻一落刀孔，方可用立铣刀铣键槽。对于直径为 $\phi3\sim\phi20mm$ 的直柄立铣刀，可用弹簧夹头装夹；对于直径为 $\phi10\sim\phi50mm$ 的锥柄铣刀，可用过渡套装入机床主轴孔中。

（2）铣 T 形槽及燕尾槽，如图 7.20 所示。T 形槽应用广，如机床工作台上用来安放紧固螺栓的槽。要加工 T 形槽及燕尾槽，须首先用立铣刀或三面刃铣刀铣出直槽，方可在立铣上用 T 形槽铣刀铣削 T 形槽和用燕尾槽铣刀铣削燕尾槽。因 T 形槽铣刀排屑困难，其切削用量应选小，同时应多加冷却液，最后再用角度铣刀铣出倒角。

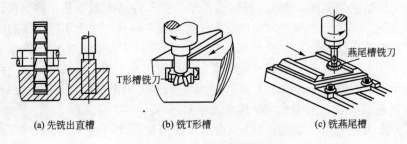

(a) 先铣出直槽   (b) 铣 T 形槽   (c) 铣燕尾槽

图 7.20　铣 T 形槽及燕尾槽

4）铣成形面

如工件的某一表面上的轮廓是由曲线组成，其面一般是在卧式铣床上用成形铣刀来加工的，如图 7.21(a) 所示。成形铣刀的形状应与成形面形状相一致。若在立式铣床上铣削加工，应按划线用手动进给，用圆形工作台和靠模来铣削，如图 7.21(b) 所示。

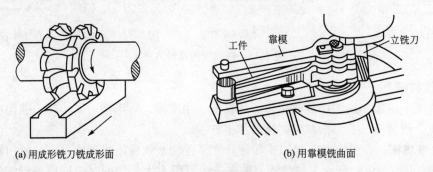

(a) 用成形铣刀铣成形面   (b) 用靠模铣曲面

图 7.21　铣成形面

对于要求不高的曲线外表面，可按工件上划出的线来移动工作台进行加工，顺着线迹将打出的样冲眼铣掉一半。在成批及大量生产中，可采用靠模夹具或专用靠模铣床来进行曲线外形面加工。

5）铣齿形

齿轮齿形的加工原理可分为两大类：展成法（又称范成法），它是利用齿轮刀具与被切齿轮的互相啮合关系来切出齿形的方法，如插齿和滚齿等；成形法（又称型铣法），它是利用仿照与被切齿轮齿槽形状相符的盘状铣刀或指状铣刀来切出齿形的方法，如图 7.22 所示。

铣削时，常用分度头和尾架来安装工件，如图 7.23 所示。可用盘状模数铣刀在卧式铣床上铣齿，如图 7.22(a) 所示，也可用指状模数铣刀在立式铣床上铣齿，如图 7.22(b)所示。

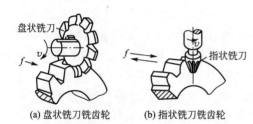

(a) 盘状铣刀铣齿轮　　(b) 指状铣刀铣齿轮

图 7.22　用盘状铣刀和指状铣刀加工齿轮

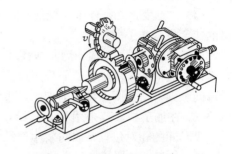

图 7.23　分度头和尾架装夹工件

成形法加工的特点是：

(1) 设备简单，只用普通铣床即可，刀具成本低。

(2) 铣刀每加工一齿槽均要消耗一段切入、退刀和分度的辅助时间，生产率较低。

(3) 加工出的齿轮精度较低，只能达到 11～9 级。因为在实际生产中，不可能为每加工一种模数、一种齿数的齿轮均制造一把相对应的成形铣刀，只能将模数相同、齿数不同的铣刀编成号数，每号铣刀对应有它自己规定的铣齿范围，刀齿轮廓只与该号可加工的最小齿数齿槽的理论轮廓相一致，对其他齿数的齿轮只能为近似齿形。

依据同一模数、齿数在一定的范围内的规定，可将铣刀分成 8 把一套和 15 把一套的两种规格。8 把一套适用于铣削模数为 0.3～8 的齿轮；15 把一套适用于铣削模数为 1～16 的齿轮，15 把一套的铣刀加工精度较高。铣刀号数小，加工的齿轮齿数少，反之刀号大，能加工的齿数就多。8 把一套规格见表 7-2。15 把一套规格见表 7-3。

表 7-2　模数齿轮铣刀刀号选择表

铣刀号数	1	2	3	4	5	6	7	8
齿数范围	12～13	14～16	17～20	21～25	26～34	35～54	55～134	135 以上

表 7-3　模数齿轮铣刀刀号选择表

铣刀号数	1	1.5	2	2.5	3	3.5	4	4.5
齿数范围	12	13	14	15～16	17～18	19～20	21～22	23～25
铣刀号数	5	5.5	6	6.5	7	7.5	8	
齿数范围	26～29	30～34	35～41	42～54	55～79	80～134	135 以上	

根据以上特点，成形法铣齿一般多用于修配或单件制造某些转速低、精度要求不高的齿轮。大批量、精度要求较高的齿轮，应在专门的齿轮加工机床上加工。

齿轮铣刀的规格标示在其侧面上，具体有铣削模数、压力角、加工何种齿轮、铣刀号数、加工齿轮的齿数范围、何年制造和铣刀材料等。

6. 铣工安全技术规范

(1) 铣床结构比较复杂，操作前须充分熟悉铣床的性能及各种调整方法。

(2) 工作前认真查看机床有无异常，在规定部位加注润滑油和冷却液。

(3) 开始加工前，应先安装刀具，再装夹工件。刀具、工件装夹必须牢固可靠，严禁用开动机床的动力来装夹刀杆、拉杆。

（4）主轴变速必须停车，变速时，先打开变速操作手柄，再选择转速，最后以适当快慢的速度将操作手柄复位。

（5）开始铣削加工前，刀具应离开工件，查看铣刀旋转方向与工件相对位置是顺铣还是逆铣，通常不采用顺铣，而采用逆铣。若有必要采用顺铣，则应事先调整工作台的丝杆螺母间隙到合适程度方可铣削加工，否则将引起"扎刀"或打刀现象。

（6）在加工中，若采用自动进给，须注意行程的极限位置；必须严密注意铣刀与工件、夹具间的相对位置，以防发生过铣、撞击夹具造成刀具和夹具损坏。

（7）加工中，严禁将多余的工件、夹具、刀具、量具等摆在工作台上，以防碰撞、跌落，发生人身、设备事故。

（8）机床在运行中不得擅离岗位或委托他人看管。不准闲谈、打闹和开玩笑。

（9）两人或多人共同操作一台机床时，必须严格分工，分段操作，严禁同时操作一台机床。

（10）中途停车测量时，不得用手强行刹住惯性转动着的铣刀主轴。

（11）加工完成的工件取出后，应及时去毛刺，防止拉伤手指或划伤堆放的其他工件。

（12）发生事故时，应立即切断电源，保护现场，进行事故分析，承担事故应负的责任。

（13）工作结束应认真清扫机床、加油，并将工作台移向立柱附近。

（14）打扫工作场地，将切屑倒入规定地点。

（15）收拾好所用的工具、夹具、量具，摆放于工具箱中，工件交检。

7.2 刨 工

1. 刨削加工简介

在牛头刨床上加工时，刨刀的纵向往复直线运动为主运动，工件随工作台作横向间歇直线运动为进给运动，如图 7.24 所示。

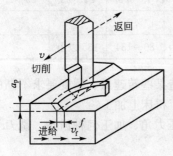

图 7.24　牛头刨床的刨削
运动和切削用量

1）刨削加工特点

（1）生产率较低。刨削是不连续切削，刀具切入、切出时切削力有突变，易引起冲击和振动，限制了刨削速度的提高。刨削为单刃切削，须经多次行程才能完成加工，回程时不切削，刨削生产率低于铣削，但对狭长表面（如导轨面）的加工，以及在龙门刨床上进行多刀、多件加工，其生产率可能高于铣削。

（2）刨削加工通用性好、适应性强。刨床结构较车床、铣床等简单，调整和操作方便，刨刀形状简单，和车刀相似，制造、刃磨和安装较方便；刨削时一般不需加切削液。

（3）刨削加工为单刀单刃加工，加工表面的平面度较铣削加工高，但粗糙度差。

2）刨削加工范围

刨削加工的尺寸精度一般为 IT9～IT8，表面粗糙度 Ra 值为 $6.3～1.6\mu m$，用宽刀精刨时，Ra 值可达 $1.6\mu m$。此外，刨削加工还可保证一定的相互位置精度，如面对面的平行度和垂直度等。刨削在单件、小批生产和修配工作中得到广泛应用。刨削主要用于加工各种平面(水平面、垂直面和斜面)，各种沟槽(直槽、T形槽、燕尾槽等)和成形面等，如图 7.25 所示。

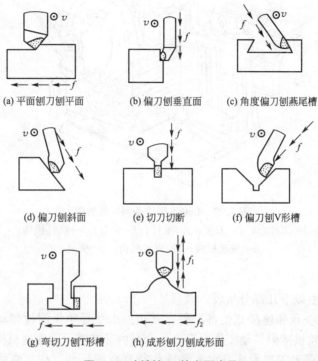

(a) 平面刨刀刨平面 (b) 偏刀刨垂直面 (c) 角度偏刀刨燕尾槽

(d) 偏刀刨斜面 (e) 切刀切断 (f) 偏刀刨V形槽

(g) 弯切刀刨T形槽 (h) 成形刨刀刨成形面

图 7.25 刨削加工的主要应用

2. 刨床

刨床主要有牛头刨床和龙门刨床，最常见的是牛头刨床。牛头刨床最大的刨削长度一般不超过 1000mm，适合于加工中小型零件。龙门刨床由于其刚性好，且有 2～4 个刀架同时加工，主要用于加工大型零件或同时加工多件中、小型零件，其加工精度和生产率均比牛头刨床高。刨床上加工的典型面如图 7.26 所示。

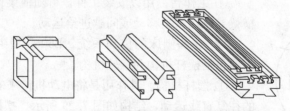

图 7.26 刨床上加工的典型零件

1) 牛头刨床

如图 7.27 所示为 B6065 型牛头刨床的外形。型号 B6065 中，B 表示机床类别代号，读作"刨"；6 和 0 分别表示为机床组别和系列代号，表示牛头刨床；65 表示主参数最大刨削长度的 1/10，即最大刨削长度为 650mm。

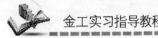
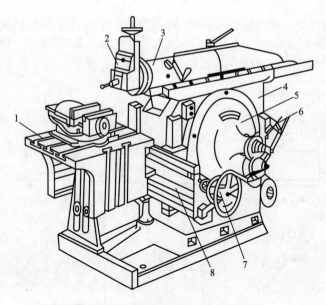

图 7.27 B6065 型牛头刨床外形图
1—工作台；2—刀架；3—滑枕；4—床身；5—摆杆机构；
6—变速机构；7—进给机构；8—横梁

（1）组成

牛头刨床主要由以下几部分组成。

① 床身。用以支承和连接其他各部件，其顶面水平导轨供滑枕带动刀架作往复直线运动，侧面垂直导轨供横梁带动工作台升降。床身内部有主运动变速机构和摆杆机构。

② 滑枕。用以带动刀架沿床身水平导轨作往复直线运动，往复直线运动的快慢、行程的长度和位置，均可根据加工需要调整。

③ 刀架。用以夹持刨刀，其结构如图 7.28 所示。当转动刀架手柄 5 时，滑板 4 带着刨刀沿刻度转盘 7 的导轨上、下移动，以调整背吃刀量或加工垂直面时作进给运动。松开转盘 7 的螺母，将转盘扳转一定角度，可使刀架斜向进给，以加工斜面。刀座 3 装在滑板 4 上。抬刀板 2 可绕刀座上的销轴向上抬起，以使刨刀在返回行程时离开工件已加工表面，减少刀具与工件的摩擦。

④ 工作台。用以安装工件，可随横梁作上下调整，也可沿横梁导轨作水平移动或间歇进给运动。

（2）牛头刨床的传动系统。B6065 型牛头刨床的传动系统主要包括摆杆机构和棘轮机构。

① 摆杆机构。其作用是将电动机传来的旋转运动变为滑枕的往复直线运动，结构如图 7.29 所示。摆杆 7 上端与滑枕内的螺母 2 相连，下端与支架 5 相连。摆杆齿轮 3 上的偏心滑块 6 与摆杆 7 导槽相连。当摆杆齿轮 3 由小齿轮 4 带动旋转时，偏心滑块沿摆杆 7 的导槽内上下滑动，从而带动摆杆 7 绕支架 5 中心左右摆动，滑枕便作往复直线运动。摆杆齿轮转动一周，滑枕带动刨刀往复运动一次。

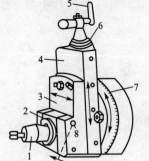

图 7.28 刀架
1—刀夹；2—抬刀板；
3—刀座；4—滑板；
5—手柄；6—刻度环；
7—刻度转盘；8—销轴

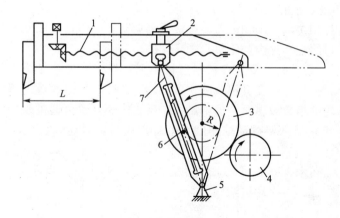

图 7.29　摆杆机构

1—丝杠；2—螺母；3—摆杆齿轮；4—小齿轮；5—支架；6—偏心滑块；7—摆杆

② 棘轮机构。其作用是使工作台在滑枕完成回程与刨刀再次切入工件之前的瞬间作间歇横向进给，横向进给机构如图 7.30(a)所示，棘轮机构的结构如图 7.30(b)所示。

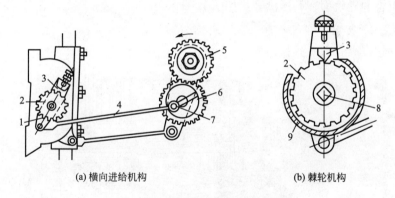

(a) 横向进给机构　　　　　　　(b) 棘轮机构

图 7.30　牛头刨床横向进给机构

1—棘爪架；2—棘轮；3—棘爪；4—连杆；5、6—齿轮；7—偏心销；8—横向丝杠；9—棘轮罩

齿轮 5 与摆杆齿轮为一体，摆杆齿轮逆时针旋转时，齿轮 5 带动齿轮 6 转动，使连杆 4 带动棘爪 3 逆时针摆动。棘爪 3 逆时针摆动时，其上的垂直面拨动棘轮 2 转过若干齿，使横向丝杠 8 转过相应的角度，从而实现工作台的横向进给。而当棘轮顺时针摆动时，由于棘爪后面为一斜面，只能从棘轮齿顶滑过，不能拨动棘轮，所以工作台静止不动，实现工作台的横向间歇进给。

(3) 牛头刨床的调整。

① 滑枕行程长度、起始位置、速度的调整。刨削时，滑枕行程长度一般应比工件加工表面长度长 30~40mm，如图 7.29 所示，滑枕行程长度是通过改变摆杆齿轮上偏心滑块的偏心距离来调整的，偏心距越大，摆杆摆动角度越大，滑枕行程长度越长；反之，则越短。松开滑枕内的锁紧手柄，转动丝杠，便可调整滑枕行程的起始点，使滑枕移到所需的位置。

在调整滑枕速度时，须停车进行，否则将打坏齿轮，如图 7.27 所示，可通过变速机构 6 来改变变速齿轮位置，使牛头刨床获得不同的转速。

② 工作台横向进给量的大小、方向的调整。工作台进给运动既要满足间歇运动要求，又要与滑枕工作行程相协调，即在刨刀回程接近结束时，工作台同工件一起横向移动一进给量。牛头刨床的进给运动是由棘轮机构来实现的。

如图 7.30 所示，棘爪架孔安装在横梁丝杠轴上，棘轮通过键与丝杠轴相连。工作台横向进给量的大小，可通过改变棘轮罩的位置，相应改变棘爪每次拨过棘轮的有效齿数来调整。棘爪拨过棘轮的齿数较多时，进给量大；反之则小。也可通过改变偏心销 7 的偏心距来调整，偏心距小，棘爪架摆动的角度小，棘爪拨过的棘轮齿数少，进给量就小；反之，进给量则大。

若将棘爪提起后转动 180°，可使工作台反向进给。当把棘爪提起后转动 90°时，棘轮便与棘爪脱离接触，此时可手动进给。

2) 龙门刨床

它因有"龙门"式的框架而得名。龙门刨床加工，工件随工作台的往复直线运动为主运动，垂直刀架沿横梁上的水平移动和侧刀架在立柱上的垂直移动为进给运动。适用于加工大型工件，长度可达几米、十几米、甚至几十米。也可在工作台上同时装夹多个中、小型工件，用几把刀具同时加工，生产率较高。龙门刨床特别适于加工各种水平面、垂直面及各种平面组合的导轨面、T 形槽等，如图 7.31 所示。

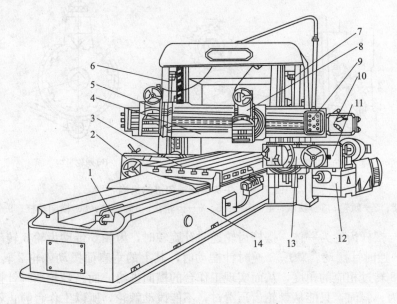

图 7.31　B2010A 型龙门刨床

1—液压安全器；2—左侧刀架进给箱；3—工作台；4—横梁；5—左垂直刀架；6—左立柱；

7—右立柱；8—右垂直刀架；9—悬挂按钮站；10—垂直刀架进给箱；

11—右侧刀架进给箱；12—工作台减速箱；13—右侧刀架；14—床身

其主要特点是：自动化程度高，各主要运动的操纵都集中在机床的悬挂按钮站和电气柜的操纵台上，操纵十分方便；工作台的工作行程和空回行程可在不停车的情况下实现无级调整；横梁可沿立柱上下移动，以适应不同高度工件的加工；所有刀架都有自动抬刀装置，并可单独或同时进行自动或手动进给，垂直刀架还可转动一定的角度，用来加工斜面。

3. 刨刀及其安装

1）刨刀。

其几何形状与车刀相似，但刀杆的截面积比车刀大 $1.25\sim1.5$ 倍，以承受较大的冲击力。刨刀前角 γ_o 比车刀稍小，刃倾角取较大的负值，以增加刀头强度。刨刀的一个刀头往往做成弯头，如图 7.32 所示为弯、直头刨刀比较示意图。其目的是在刀具切削工件表面上的硬点时，刀头能绕 O 点向后上方弹起，使切削刃离开工件表面，防止刀具啃入工件已加工表面或损坏切削刃，弯头刨刀比直头刨刀应用广泛。

刨刀的形状和种类依加工表面形状不同而不同。常见刨刀及其应用如图 7.25 所示，平面刨刀用以加工水平面；偏刀用于加工垂直面、台阶面和斜面；角度偏刀用以加工角度和燕尾槽；切刀用以切断或刨沟槽；内孔刀用以加工内孔表面（如内键槽）；弯切刀用以加工 T 形槽及侧面上的槽；成形刀用以加工成形面。

2）刨刀的安装

如图 7.33 所示，在安装刨刀时，应将转盘对准零线，以便准确控制背吃刀量，刀头不得伸出太长，以免产生振动和折断。直头刨刀伸出长度一般为刀杆厚度的 $1.5\sim2$ 倍，弯头刨刀伸出长度可稍长，以弯曲部分不碰刀座为宜。在装刀或卸刀时，应使刀尖离开工件表面，以防损坏刀具或擦伤工件，须一只手扶住刨刀，另一只手使用扳手，用力方向自上而下，否则易将抬刀板掀起，碰伤或夹伤手指。

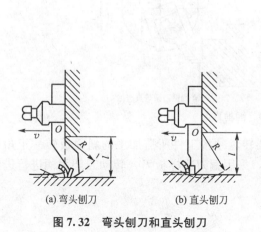

（a）弯头刨刀　　　　（b）直头刨刀

图 7.32　弯头刨刀和直头刨刀

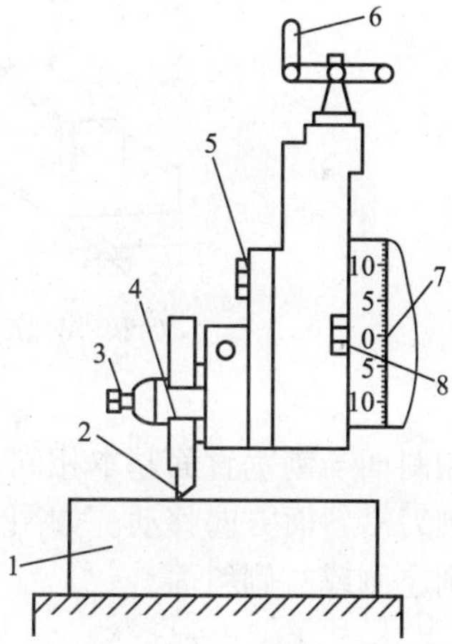

图 7.33　刨刀的安装
1—工件；2—刀头；3—刀夹螺钉；
4—刀夹；5—刀座螺钉；6—刀架进给手柄；
7—转盘对准零线；8—转盘螺钉

3）工件的安装

在刨床上工件的安装应视工件的形状和尺寸而定。常用的有平口虎钳安装、工作台安装和专用夹具安装等，装夹工件方法与铣削相同，可参考铣床中工件的安装及铣床附件所述内容。

4. 刨削的基本操作

1）刨削平面

其操作包括加工水平、垂直和斜面。

（1）刨水平面。刨削水平面的顺序如下：

① 正确安装刀具和工件。

② 调整工作台的高度，使刀尖轻微与工件表面接触。

③ 调整滑枕的行程长度和起始位置。

④ 根据工件材料、形状、尺寸等，合理选择切削用量。

⑤ 试切，先用手动试切。进给 1～1.5mm 后停车，测量尺寸，根据测得结果调整背吃刀量，再自动进给加工。当工件表面粗糙度 Ra 值低于 $6.3\mu m$ 时，应先粗刨，再精刨。精刨时，背吃刀量和进给量应减小，切削速度应适当提高。在刨刀回程时，应用手掀起刀座上的抬刀板，使刀具离开已加工表面，以保证工件表面质量。

⑥ 检验。工件加工完工后，停车检验，尺寸和加工精度合格后方可卸下。

（2）刨垂直面和斜面。刨垂直面的方法如图 7.34 所示，采用偏刀，并使刀具伸出长度大于被刨削面高度。刀架转盘应对准零线，以使刨刀沿垂直方向移动。刀座须偏转 $10°～15°$，以使刨刀在回程时与工件表面不接触，减少刀具磨损，避免工件已加工表面被划伤。刨垂直面和斜面的加工方法一般在不能或不便于进行水平面刨削时才使用。

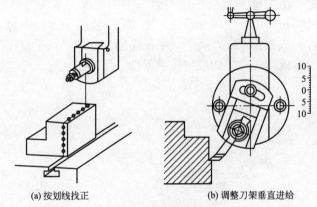

(a) 按划线找正　　　　　(b) 调整刀架垂直进给

图 7.34　刨垂直面

刨斜面与刨垂直面基本相同，只是刀架转盘须按工件所需加工的斜面扳转一定角度，以使刨刀沿斜面方向移动。如图 7.35 所示，采用偏刀或样板刀，转动刀架手柄进行进给，可刨削左侧或右侧斜面。

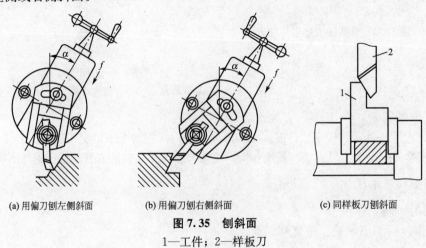

(a) 用偏刀刨左侧斜面　　　(b) 用偏刀刨右侧斜面　　　(c) 同样板刀刨斜面

图 7.35　刨斜面

1—工件；2—样板刀

2) 刨削沟槽

刨削沟槽的主要加工面有直槽和成形槽。

（1）刨削直槽时，用切刀以垂直进给来实现，如图7.36所示。

（2）刨削 V 形槽的方法，如图7.37所示，先按刨平面的方法将 V 形槽粗刨出大致形状，如图7.38(a)所示；然后再用切刀加工 V 形槽底的直角槽，如图7.37(b)所示；最后按刨斜面的方法用偏刀加工 V 形槽的两斜面，如图7.37(c)所示；最后用样板刀精刨至图样要求的尺寸精度和表面粗糙度，如图7.37(d)所示。

（3）刨削 T 形槽时，应先在工件端面和上平面划出加工线，如图7.38所示。

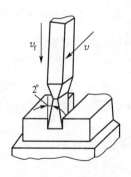

图7.36 刨直槽

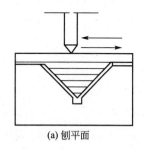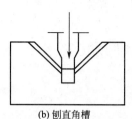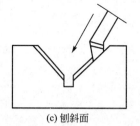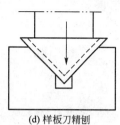

(a) 刨平面   (b) 刨直角槽   (c) 刨斜面   (d) 样板刀精刨

图7.37 刨 V 形槽

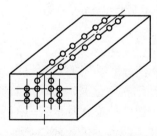

图7.38 T 形槽零件划线图

（4）刨削燕尾槽与刨 T 形槽相似，应先在工件端面和上平面画出加工线，如图7.39所示。刨削侧面时须用角度偏刀，如图7.40所示，刀架转盘应扳转一定角度。

3) 刨成形面

在刨床上刨削成形面，通常是先在工件的侧面划线，然后根据划线分别移动刨刀作垂直进给和移动工作台作水平进给，从而加工出成形面，如图7.25(h)所示。也可用成形刨刀加工，使刨刀刃口形状与工件表面一致，一次成形。

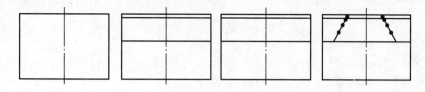

图7.39 燕尾槽的划线

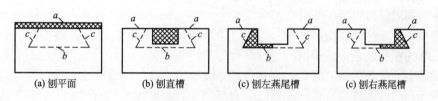

(a) 刨平面   (b) 刨直槽   (c) 刨左燕尾槽   (c) 刨右燕尾槽

图7.40 燕尾槽的刨削步骤

5. 刨工安全技术规范

（1）工件夹紧后，先用手柄转到立柱，测试冲程的行程大小是否合适，若不合适应及时调整，严禁开车调整。

（2）刨刀须牢固装夹在刀架上，不得伸出太长，切刀严禁采用过大切削用量，以防损坏刀具，若遇到难加工的，应立即停车，并及时向指导师傅报告。

（3）刨床开动后，严禁身体靠近刨刀的运动范围，不得随意拨打机件，若需调整皮带或变换齿轮时，须征得指导师傅同意后，方可停车调整。

（4）刨床往复运动时，严禁用手接触刨刀及工件，不得在刨刀运动的正前方观察工件，以免碰伤头部。

（5）测量工件尺寸时，必须停车，工件上的切屑只允许用刷子扫除，严禁用手揩擦。

7.3　磨削加工

1. 磨削加工简介

磨削加工是机械制造中最常用的精加工方法之一，它的应用范围很广，可磨削各种高硬、超硬材料，也可磨削各种表面。磨削后精度可达 IT6～IT4，表面粗糙度可达到 $Ra0.025～0.8\mu m$。易实现生产过程自动化，在工业发达国家，磨床已占机床总数的 25%左右，个别行业可达到 40%～50%。

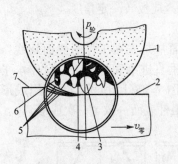

图 7.41　砂轮的组成

1—砂轮；2—已加工表面；3—磨粒；
4—结合剂；5—加工表面；
6—空隙；7—待加工表面

1）磨削加工的特点

（1）磨削属多刃、微刃切削。磨削用的砂轮是由许多细小坚硬的磨粒用结合剂粘结在一起经焙烧而成的疏松多孔体，如图 7.41 所示。锋利磨粒类似于铣刀的切削刃，在砂轮高速旋转的条件下切入工件表面，它是一种多刃、微刃切削过程。

（2）加工尺寸精度高，表面粗糙度值低。磨削切削厚度极薄，每个磨粒的切削厚度可小到微米，磨削尺寸精度可达 IT6～IT4，表面粗糙度 Ra 值达 0.8～0.1μm。高精度磨削时，尺寸精度可超过 IT4，表面粗糙度 Ra 值不大于 0.012μm。

（3）加工材料广泛。由于磨料硬度极高，不仅可加工一般金属材料，如碳钢、铸铁等，还可加工一般刀具难以加工的高硬度材料，如淬火钢、各种切削刀具材料及硬质合金等。

（4）砂轮具有自锐性。当作用在磨粒上的切削力超过磨粒极限强度时，磨粒就会破碎，形成新的锋利棱角；当切削力超过结合剂粘结强度时，钝化的磨粒就会自行脱落，使砂轮表面露出一层新的锋利磨粒，保证使磨削加工继续进行。砂轮的这种自行推陈出新、保持自身锋利的性能称为自锐性。砂轮具有自锐性可使砂轮连续进行加工，其他刀具是无法实现的。

(5) 磨削温度高。磨削过程中，由于切削速度很高，产生大量切削热，温度超过1000℃。同时，高温的磨屑在空气中发生氧化，产生火花，将会使工件材料性能发生改变。为减少摩擦和迅速散热，降低磨削温度，应及时冲走切屑，以保证工件表面质量，需使用大量切削液。

2) 磨床

(1) 外圆磨床。常用的外圆磨床分为普通外圆磨床和万能外圆磨床。在普通外圆磨床上可磨削工件的外圆柱面和外圆锥面；万能外圆磨床的砂轮架、头架和工作台上均装有转盘，可回转一定角度，增加内圆磨具附件，万能外圆磨床除可磨削外圆柱面和外圆锥面外，还可磨削内圆柱面、内圆锥面及端平面。

(2) 平面磨床。它主要用于磨削工件上的平面。平面磨床工作台安装有电磁吸盘或其他夹具，如图 7.42 所示为 M7120A 型平面磨床，磨头 2 沿滑板 3 水平导轨作横向进给运动，采用液压驱动或横向进给手轮 4 操纵。滑板 3 可沿立柱 6 导轨垂直移动，以调整磨头 2 的高低位置及通过垂直操纵手轮 9 来完成垂直进给运动。砂轮由装在磨头壳体内的电动机直接驱动旋转。

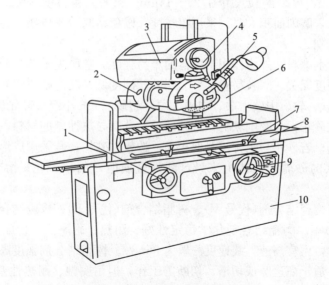

图 7.42　M7120A 型平面磨床

1—驱动工作台手轮；2—磨头；3—滑板；4—横向进给手轮；
5—砂轮修整器；6—立柱；7—行程挡块；8—工作台；
9—垂直进给手轮；10—床身

2. 砂轮的安装、平衡及修整

砂轮是磨削的切削工具，它由磨粒、结合剂和空隙构成，如图 7.41 所示。

(1) 砂轮的特性及其选择。砂轮的特性主要包括磨料、粒度、硬度、结合剂、组织、形状和尺寸等。磨料直接担负着切削工作，必须硬度高、耐热性好，有锋利棱边和一定的强度。常用磨料有刚玉类、碳化硅类和超硬磨料。常用的几种刚玉类、碳化硅类磨料的代号、特点及适用范围见表 7-4。其余几种为铬刚玉（PA）、微晶刚玉（MA）、单晶刚玉（SA）、人造金刚石（SD）、立方氮化硼（CBN）。

表 7 - 4　常用磨料特点及其用途

磨料名称	代号	特　点	用　途
棕刚玉	A	硬度高，韧性好，价格较低	适合于磨削各种碳钢、合金钢和可锻铸铁等
白刚玉	WA	比棕刚玉硬度高，韧性低，价格较高	适合于加工淬火钢、高速钢和高碳钢
黑色碳化硅	C	硬度高，性脆而锋利，导热性好	用于磨削铸铁、青铜等脆性材料及硬质合金刀具
绿色碳化硅	GC	硬度比黑色碳化硅更高，导热性好	主要用于加工硬质合金、宝石、陶瓷和玻璃等

　　粒度是指磨料颗粒的大小，以刚能通过筛网的网号来表示磨料的粒度，如 60♯ 微粉磨粒的直径小于 $40\mu m$，W20 磨粒尺寸在 $20\sim14\mu m$。粗磨用粗粒度，精磨用细粒度；当工件材料软，塑性大，磨削面积大时，采用粗粒度，以免堵塞砂轮烧伤工件。可用筛选法或显微镜测量法来区别。

　　硬度是指砂轮上磨料在外力作用下脱落的难易程度。它取决于结合剂的结合能力及所占比例，与磨料硬度无关。磨粒易脱落，表明砂轮硬度低，反之则表明砂轮硬度高。硬度共分为 7 大级(超软、软、中软、中、中硬、硬、超硬)，16 小级。砂轮硬度选择原则为：若磨削硬材，选软砂轮；若磨削软材，选硬砂轮；若磨导热性差的材料，不易散热，选软砂轮以免工件烧伤；若砂轮与工件接触面积大，选较软砂轮；若采用成形法精磨，选硬砂轮；粗磨时选较软的砂轮。大体上来说，磨硬金属时，用软砂轮；磨软金属时，用硬砂轮。

　　常用结合剂有陶瓷结合剂(代号 V)、树脂结合剂(代号 B)、橡胶结合剂(代号 R)、金属结合剂(代号 M)等。陶瓷结合剂化学稳定性好、耐热、耐腐蚀、价廉，占 90%，但性脆，不宜制成薄片，不宜高速，线速度一般为 35m/s。树脂结合剂强度高度，弹性好，耐冲击，自锐性好，适于高速磨或切槽、切断等工作，但耐腐蚀、耐热性差 (300℃)。橡胶结合剂强度高，耐冲击，自锐性好，适于抛光轮、导轮及薄片砂轮，但耐腐蚀、耐热性差 (200℃)。金属结合剂(青铜、镍)等，强度韧性高，成形性好，但自锐性差，适于金刚石、立方氮化硼砂轮。

　　组织是指砂轮中磨料、结合剂、空隙三者体积的比例关系。组织号是由磨料所占的百分比来确定的。按砂轮结构的疏密程度，组织分紧密、中等、疏松三类 13 级。紧密组织成形性好，加工质量高，适于成形磨、精密磨和强力磨削。中等组织适于一般磨削，如淬火钢、刀具刃磨等。疏松组织不易堵塞砂轮，适于粗磨、磨软材、磨平面、内圆等，磨热敏性强的材料或薄件。

　　根据机床结构与磨削加工的需要，砂轮可制成各种形状和尺寸。为方便选用，在砂轮的非工作表面上印有特性代号，如代号 PA 60KV6P300×40×75，表示砂轮的磨料为铬刚玉((PA)，粒度为 60♯，硬度为中软(K)，结合剂为陶瓷(V)，组织号为 6 号，形状为平形砂轮(P)，尺寸外径为 $\phi300mm$，厚度为 40mm，内径为 $\phi75mm$。

(2) 砂轮的安装与平衡。砂轮因在高速下工作，安装时应首先检查外观有无裂纹，可用木锤轻敲来判定，若声音嘶哑，则应禁止使用，否则砂轮破裂后会飞出伤人。砂轮的安装方法如图 7.43 所示。

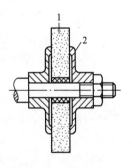

图 7.43 砂轮的安装
1—砂轮；2—弹性垫板

为确保砂轮工作的平稳性，一般直径大于 ϕ125mm 的砂轮均须进行平衡试验，如图 7.44 所示。具体方法为：将砂轮安装在心轴 2 上，砂轮与心轴一起放置到平衡架 6 的平衡轨道 5 的刃口上，若不平衡，较重部分总是转向下方，可通过移动法兰盘端面环槽内的平衡铁 4 进行调整。要经反复平衡试验，直至在刃口上任意位置均能静止。

(3) 砂轮的修整。砂轮工作一段时间后，磨粒逐渐变钝，须进行修整后，才可继续使用。在修整时，应将砂轮表面一层变钝的磨粒去除，使砂轮重新露出完整锋利的磨粒，以恢复砂轮的几何形状。砂轮常用金刚石笔进行修整，如图 7.45 所示，修整时要使用大量冷却液，以免金刚石因温度急剧升高而破裂。

图 7.44 砂轮的平衡
1—砂轮套筒；2—心轴；
3—砂轮；4—平衡铁；
5—平衡轨；6—平衡架

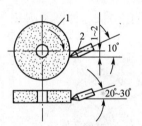

图 7.45 砂轮的修整
1—砂轮；2—金刚石笔

3. 磨削工艺

由于磨削的加工精度高，表面粗糙度值小，能磨高硬脆的材料，因此应用十分广泛。在此仅就内外圆柱面、内外圆锥面及平面的磨削工艺进行讨论。

1) 外圆磨削

它是一种基本的磨削方法，它适于轴类及外圆锥面工件的外表面磨削。在外圆磨床上磨削外圆常用的方法有纵磨法、横磨法和综合磨法。

(1) 纵磨法。如图 7.46 所示，在外圆磨削时，砂轮高速旋转为主运动，工件转动（圆周进给）并与工作台一起作往复直线运动（纵向进给），当每一纵向行程或往复行程终了时，砂轮作周期性横向进给（背吃刀量），每次背吃刀量很小，磨削余量需经多次往复行程才能磨去。当工件加工至接近最终尺寸时，应采用无横向进给的光磨，直至火花消失为止，以提高工件的加工精度。纵向磨削具有很好的适应性，同一砂轮可磨削长度不同、直径不等的各种工件，加工质量好，但磨削效率较低。目前生产中，特别是单件、小批生产以及精磨时广泛采用这种方法，它还尤其适用于细长轴的磨削。

（2）横磨法。如图7.47所示，在外圆横磨削时，砂轮宽度应大于工件被磨表面的长度，工件不作纵向进给运动，砂轮以很慢的速度连续或断续地作横向进给，直至余量被全部去除。横磨生产率高，但精度及表面质量较低。该法适于磨削长度较短、刚性较好的工件。当磨削至所需尺寸后，如果需要靠磨台肩端面，则将砂轮退出0.005～0.01mm，手摇工作台纵向移动手轮，使工件台端面贴靠砂轮，磨平即可。

（3）综合磨法。先用横磨分段粗磨，相邻两段间有5～15mm重叠量，如图7.48所示，然后将留下的0.01～0.03mm余量用纵磨法磨去。当加工表面的长度为砂轮宽度的2～3倍以上时，可采用综合磨法。综合磨法具有纵磨、横磨法的优点，既能提高生产效率，又能提高磨削质量。

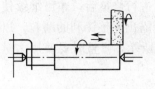

图7.46　纵磨法

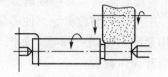

图7.47　横磨法

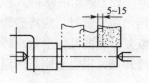

图7.48　综合磨法

2）内圆磨削

内圆磨削方法与外圆磨削相似，只是砂轮的旋转方向与磨削外圆时相反，如图7.49所示，纵磨法应用最广，生产率较低，磨削质量较低。这主要是受工件孔径限制，砂轮直径较小，圆周速度低，生产率低，且冷却排屑条件不好，砂轮轴伸出长度较长，表面质量不高。在磨孔的过程中，砂轮在工件孔中的接触位置有两种：一是与工件孔后面接触，如图7.50(a)所示，冷却液和磨屑向下飞溅，不影响操作人员的视线和安全；二是与工件孔前面接触，如图7.50(b)所示，则相反，通常采用后面接触。在万能外圆磨床上磨孔，应采用前面接触方式，它可采用自动横向进给，若采用后接触方式，则只能手动横向进给。

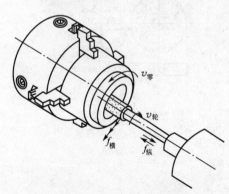

图7.49　四爪单动卡盘安装零件

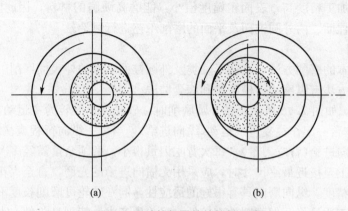

图7.50　砂轮与零件的接触形式

3）平面磨削

它常用的方法有周磨（在卧轴矩形工作台平面磨床上以砂轮圆周表面磨削工件）和端磨（在立轴圆形工作台平面磨床上以砂轮端面磨削工件）两种，见表7-5。

表7-5 周磨和端磨的比较

分类	砂轮与工件的接触面积	排屑及冷却条件	工件发热变形	加工质量	效率	适用场合
周磨	小	好	小	较高	低	精磨
端磨	大	差	大	低	高	粗磨

4）圆锥面磨削

它通常有转动工作台法和转动头架法两种。

（1）转动工作台法磨削外圆锥表面如图7.51所示，磨削内圆锥面如图7.52所示。转动工作台法大多用于锥度较小、锥面较长的工件。

（2）转动头架法。转动头架法常用于锥度较大、锥面较短的内外圆锥面，如图7.53所示为磨内圆锥面。

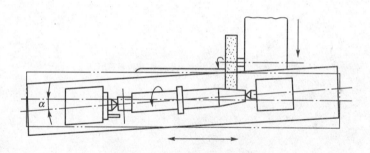

图7.51 转动工作台磨外圆锥面

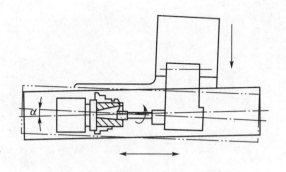

图7.52 转动工作台磨内圆锥面

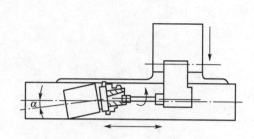

图7.53 转动头架磨内圆锥面

4. 磨工安全及技术规范

（1）砂轮高速旋转，安装工件及使用机床时均应注意安全，在开机前，要仔细检查砂轮外表有无裂纹，若发现裂纹，必须立即更换。开空车1～2min方可开始加工。

（2）机床启动前，要检查机床各运动部分保护装置的完好性，不允许在未安装砂轮罩的磨床上加工。

（3）装卸工件时，应避免碰坏砂轮，严禁手或手臂碰触砂轮，以免发生事故。

（4）砂轮接近工件时，应均匀缓慢，避免冲击。

（5）在移正工件或装卸工件时，应先退出砂轮。

（6）在摇动工作台或调整限位块时，应避免碰撞磨头或尾架。

第8章
数控加工与特种加工

8.1 数控车床加工

1. 数控车床加工概述

（1）数控车床加工的对象。数控车床如图 8.1 所示，它是指采用计算机数字控制的车床，主要用于轴类和盘类回转体零件的加工，能够通过程序控制自动完成内外圆柱面、圆锥面、圆弧面、螺纹等的切削，并可进行切槽、钻、扩、铰孔和各种回转曲面的加工。其加工精度高，能作直线和圆弧插补，还有部分车床数控装置具有某些非圆曲线插补功能以及在加工过程中能自动变速等特点。它是目前国内使用极为广泛的一种数控机床，约占数控机床总数的 25%。

图 8.1 数控车床

（2）数控车床的结构特点。它与普通车床相比，结构上仍由主轴箱、进给传动机构、刀架、床身等部件组成，但结构功能与普通车床比较，具有本质上的区别。数控车床分别由两台电动机驱动滚珠丝杠旋转，带动刀架作纵向及横向进给，不再使用挂轮、光杠等传动部件，传动链短、结构简单、传动精度高，刀架也可作自动回转。有较完善的刀具自动交换和管理系统。工件在车床上一次安装后，能自动完成或接近完成工件各个表面的加工工序。

数控车床的主轴箱结构比普通车床大大简化，机床总体刚性好，传动部件大量采用滚动运动副，如滚珠丝杠副、直线滚动导轨副等，配置间隙消除机构，进给传动精度高，灵敏度及稳定性好。使用高性能主轴部件，具有传递功率大、刚度高、抗振性好及热变形小等优点。

数控车床为满足自动化加工和安全性要求增设了辅助装置，如刀具自动交换机构、润滑装置、切削液装置、排屑装置、过载与限位保护装置等。数控装置是数控车床的控制核心，其主体是具有数控系统运行功能的一台计算机（包括 CPU、存储器等）。

（3）数控车床的分类。随着数控车床制造技术的不断发展，数控车床品种繁多，可采用不同的方法进行分类。按机床的功能分类，可分为经济型数控车床和全功能型数控车床；按主轴的配置形式分类，可分为卧式数控车床和立式数控车床，还有双主轴的数控车床；按数控系统控制的轴数分类，可分为当机床上只有一个回转刀架时实现两坐标轴控制的数控车床和具有两个回转刀架时实现四坐标轴控制的数控车床。目前，我国使用较多的是中小规格的两坐标连续控制的数控车床。

2. 数控车床的操作使用

数控机床在进入正常自动循环加工前，一般应进行开机回机床参考点、手动操作调整、对刀与刀具补偿参数设定等一系列前期准备工作。同时还应根据机床维护保养的要求，通过手动调整机床位置等。因此，掌握好数控机床各项功能的操作使用，是正确应用数控机床、有效发挥机床功效的首要前提。

1）操作装置

数控系统的操作装置是操作人员控制、操作数控机床的最主要工具。由于数控车床的生产商不同，所配备的数控系统也不同，对应其操作装置也就不同，但大多数是有共性或相近的，在此以华中世纪星 HNC-21T 数控系统为例介绍其操作装置，这对于学习其他数控系统的操作装置和工作原理具有一定的参考性。

（1）操作面板结构。如图 8.2 所示，HNC-21T 世纪星车床数控装置操作面板为标准固定结构，其外形结构体积小巧，尺寸为 420mm×310mm×110mm（W×H×D）。

① 显示器。在操作面板左上部为 7.5 寸彩色液晶显示器（分辨率为 640×480），用于汉字菜单、系统状态、故障报警的显示和加工轨迹的图形仿真。

② NC 键盘。NC 键盘包括精简型 MDI 键盘和 FI～F10 十个功能键。MDI 键盘介于显示器和"急停"按钮之间，其中大部分键具有上档键功能，当"Upper"键有效时（指示灯亮）输入的是上档键。F1～F10 十个功能键位于显示器的正下方。NC 键盘用于工件程序的编制、参数输入、MDI 及系统管理操作等。

③ 机床控制面板。MCP 标准机床控制面板的大部分按键（除"急停"按钮外）位于操作台的下部，"急停"按钮位于操作台的右上角。机床控制面板用于直接控制机床的动作或加工过程。

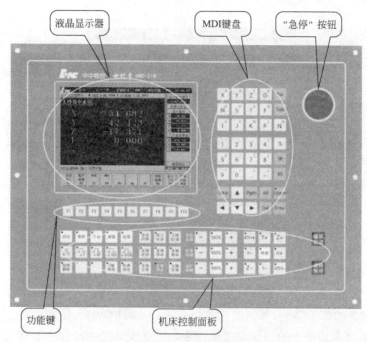

图 8.2　华中世纪星车床数控装置操作面板

（2）MPG 手持单元。MPG 手持单元由手摇脉冲发生器、坐标轴选择开关组成，用于手摇方式增量进给坐标轴。MPG 手持单元的结构如图 8.3 所示。

（3）软件操作界面。HNC-21T 的软件操作界面如图 8.4 所示。

其界面由如下部分组成：

① 图形显示窗口。可以根据需要，用功能键 F9 设置窗口的显示内容。

② 菜单命令条。通过菜单命令条中功能键 F1～F9 来完成系统功能的操作。

图 8.3　MPG 手持单元的结构

③ 运行程序索引。自动加工中的程序名和当前程序段行号。

④ 选定坐标系下的坐标值。坐标系可在机床坐标系/工件坐标系之间切换，而显示值可在指令位置/实际位置/剩余进给/跟踪误差/负载电流/补偿值之间切换。

⑤ 工件坐标零点。即工件坐标系零点在机床坐标系下的坐标。

⑥ 辅助机能。自动加工中的 M、S、T 代码。

⑦ 当前加工程序行。当前正要或将要加工的程序段。

⑧ 当前加工方式、系统运行状态及当前时间。其中系统工作方式根据机床控制面板上相应按键的状态可在自动（运行）、单段（运行）、手动（运行）、增量（运行）、回零、急停、复位等之间切换。系统运行状态在"运行正常"和"出错"间切换。系统时钟指当前系统时间。

⑨ 机床坐标、剩余进给。机床坐标为刀具当前位置在机床坐标系下的坐标。剩余进给为当前程序段的终点与实际位置之差。

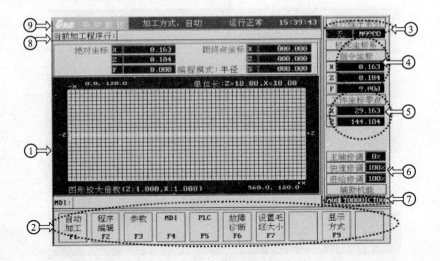

图 8.4　HNC－21T 的软件操作界面

⑩ 直径/半径编程、公制/英制编程、每分进给/每转进给、快速修调、进给修调、主轴修调。操作界面中最重要的一块是菜单命令条。系统功能的操作主要通过菜单命令条中的功能键 F1～F10 来完成。由于每个功能包括不同的操作，菜单采用层次结构，即在主菜单下选择一个菜单项后，数控装置会显示该功能下的子菜单，用户可根据该子菜单的内容选择所需的操作。

2) 回机床参考点与手动操作

（1）回机床参考点。机床坐标系是机床上固有的坐标系，它通常以主轴中心线与主轴端面或工作台的侧面交点为机床坐标原点。机床启动后，工件、刀具与所定义的机床坐标原点的相对位置关系是随机的，数控系统无法预知它们之间的相对位置关系。因此在进行自动加工前，首先需通过机床回参考点的操作，来使机床各坐标轴返回一固定参考点，以建立机床坐标系，确定其原点，该点在机床的具体位置应在其使用说明书上注明。机床回参考点的具体操作过程是：将机床操作面板上的操作方式选择开关设置为返回参考点方式。然后操作各坐标轴控制按键，即可实现返回参考点动作。返回参考点的运动速度由机床生产厂家在机床参数中设定。数控系统在机床运动之前应检查所选择的运动方向，若按相反方向按钮，则数控系统不动作。当达到参考点后，该点的机床位置相对于机床坐标零点的坐标值即在 CRT 上显示出来，并为机床坐标系的实际位置值。

（2）手动操作。数控机床在对工件、刀具进行装夹和测量以及对机床进行维护保养（如清理切屑、加油)等工作中，往往需通过手动操作来调整机床各坐标轴的相对位置。同时在对某些工件的加工过程中，有时需采用暂停指令，通过手动插入来对工件进行检测、位置调整等。

3) 数控机床的对刀与刀具补偿

由于数控机床所用的刀具各种各样，尺寸也极不统一。故在实际加工时，数控系统在进行刀具轨迹插补运算前，应先根据当前所用刀具的尺寸和具体安装位置，即当前刀具补偿值，进行轨迹偏移计算。刀具不同，其补偿值不同，轨迹偏移量也随之变化，即让刀具插补轨迹按各刀具补偿值偏移相应的量，这样可使不同刀具在切削时加工出同一轨迹。所谓数控机床对刀就是确定其刀具补偿值，目的是通过数控系统内的刀具轨迹自动偏移计算来简化数控加工程序的编制，使编程时不必考虑各刀具尺寸与安装位置。对刀方法按所用数控机床的类型不同也各有区别，一般可分为机外对刀和机内对刀两大类。

3. 常用数控车床的编程及应用实例

数控编程就是按照机床规定的程序格式，逐行写出刀具每一运动走刀路线，然后用手动数据输入(MDI)数控系统的操作。数控编程时，编程人员需对所用机床和数控系统编程中的各种指令和代码非常熟悉；编程人员还应对工件进行工艺分析，合理选取切削用量。在此主要介绍华中世纪星系列数控装置手工编程的一些内容。

1) 华中世纪星 HNC-21T 车削数控装置编程说明。

数控编程中，G、M 指令的使用见表 8-1 和表 8-2。

表 8-1　准备功能一览表

G 代码	组	功能	参数(后续地址字)
G00		快速定位	X, Z
G01	01	直线插补	同上
G02		顺圆插补	X, Z, I, K, R
G03		逆圆插补	同上
G04	00	暂停	P
G20	08	英寸输入	
G21		毫米输入	
G28	00	返回到参考点	X, Z
G29		由参考点返回	同上
G32	01	螺纹切削	X, Z, R, E, P, F
G40		刀尖半径补偿取消	
G41	09	左刀补	D
G42		右刀补	D
G52	00	局部坐标系设定	X, Z
G54			
G55			
G56	11	零点偏置	X, Z
G57			
G58			
G59			
G65		宏指令简单调用	P, A~Z
G71		外径/内径车削复合循环	
G72	06	端面车削复合循环	X, Z, U, W, C, P, Q, R, E
G73		闭环车削复合循环	
G76		螺纹切削复合循环	

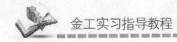

(续)

G 代码	组	功能	参数(后续地址字)
G80		内/外径车削固定循环	X, Z, I, KC, P, R, E
G81	01	端面车削固定循环	
G82		螺纹切削固定循环	
G90	13	绝对值编程	
G91		增量值编程	
G92	00	工件坐标系设定	X, Z
G94	14	每分钟进给	
G95	16	每转进给	
G36		直径编程	
G37		半径编程	

表 8-2　M 代码及功能

代码	模态	功能说明	代码	模态	功能说明
M00	非模态	程序停止	M03	模态	主轴正转启动
M02	非模态	程序结束	M04	模态	主轴反转启动
M30	非模态	程序结束并返回程序起点	M05	模态	主轴停止转动
			M06	非模态	换刀
M98	非模态	调用子程序	M07	模态	切削液打开
M99	非模态	子程序结束	M09	模态	切削液停止

(1) 有关单位的设定。

① 尺寸单位选择。其格式为：G20；G21。说明：G20 为英制输入制式；G21 为公制输入制式。G20、G21 均为模态指令，相互注销，G21 为缺省值。

② 进给速度单位的设定。其格式为：G94　F_；G95　F_。说明：G941 为每分钟进给；G951 为每转进给。G94 对于直线运动的轴，F 的单位依 G20/G21 的设定为 mm/min或 in/min；G94 对于旋转轴，F 的单位为度/min。G95 为主轴转一周时刀具的进给量。F的单位依 G20/G21 的设定而为 mm/r 或 in/r。这个功能只有在主轴装编码器时才能使用。G94、G95 为模态功能，可相互注销，G94 为缺省值。

(2) 直线插补与倒角指令。其格式为：G01X_Z_F_。说明：X、Z：线性进给终点，在 G90 时为终点在工件坐标系中的坐标；在 G91 时为终点相对于起点的位移量；F：合成进给速度。G01 指令刀具以联动的方式，按 F 规定的合成进给速度，从当前位置按直线移动到程序段指令的终点。G01 是模态代码，可由 G00、G02、G03 或 G32 功能注销。

倒角控制机能可在两相邻轨迹程序段之间插入直线倒角或圆弧倒角，它只能在自动方式下起作用。在指定直线插补(G01)或圆弧插补(G02，G03)的程序段尾，输入 C_，便插入倒角程序段；输入 R_，便可插入倒圆程序段。C 后的数值表示倒角起点和终点距假想拐角交点的距离，R 后的值表示倒角圆弧的半径。假想拐角交点是未倒角前两相邻轨迹程序段的交点。

（3）螺纹切削。其格式为：G32 X_Z_R_E_P_F_。说明：X、Z：螺纹终点，在 G90 时为螺纹终点在工件坐标系中的坐标；在 G91 时为螺纹终点相对于螺纹起点的位移量；F：螺纹导程，即主轴每转一转，刀具相对于工件的进给值；R、E：螺纹切削的退尾量，R 表示 Z 向退尾量；E 为 X 向退尾量，E 为正表示沿 X 正向回退，为负表示沿 X 负向回退。使用 R、E 可免去退刀槽。R、E 可以省略，表示不用回退功能。P：主轴基准脉冲处距离螺纹切削起始点的主轴转角。使用 G32 指令能加工圆柱螺纹、锥螺纹和端面螺纹。值得注意的是：在螺纹切削过程中进给修调无效；在没有停止主轴的情况下，停止螺纹切削是非常危险的，因此螺纹切削时进给保持功能无效，如果按下进给保持按键，刀具在加工完螺纹后停止运动；螺纹粗加工和精加工均为沿同一刀具轨迹重复进行，从粗加工到精加工，主轴转速要保持恒定，否则螺纹导程将会发生改变。

2）编程实例

加工实例如图 8.5 所示，工件毛坯为 ϕ32mm 的铝棒。

（1）工艺分析。

① 毛坯装夹。以三爪卡盘夹紧 ϕ32mm 的毛坯，因毛坯长度不长，可以不用顶尖。

② 刀具选择。选用 90°高速钢外圆车刀，装在 1 号刀架上；选用 60°的螺纹车刀，装在 3 号刀架上；选用宽度为 5mm 的切槽刀，装在 4 号刀架上。

③ 加工步骤和进给量。采用外圆车刀多次循环进刀切削，每次进刀量为 0.5mm（直径值），再用切断刀切槽，最后车螺纹。

（2）编程说明。

① 确定编程原点、对刀点和刀具起点，如图 8.6 所示。

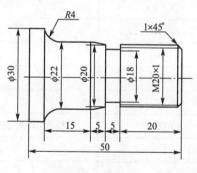

图 8.5　零件图

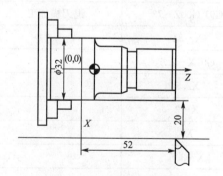

图 8.6　编程原点和刀具起点

② 采用直径编程。

③ 采用子程序方法编写圆弧、直线程序，调用 20 次子程序，每次进给 0.5mm。

（3）NC 程序，见表 8-3。

表 8-3　CN 程序

程序	注释	程序	注释
%9999		M06T0101	换 1 号刀
G92X36Z52	确定坐标系	M03	主轴转动

（续）

程序	注释	程序	注释
G91 G01 X－20.5 F300	加工毛坯	G82 X9.4Z28F1	
G01 Z－52		G82 X9.2Z28F1	
X2		G90 G00 X36Z52	
G01 Z52		Z100	
G01 X－2.5		T0300	
Z－52		M06 T0404	换4号刀
Z2.5		G91 G00 Z 105	切断工件
G00Z52		G90 G01 X26 Z300	
G01 X－2.5		X30	
M98 O1004L20	调用子程序加工零件外形	X20	
G91 G01 X0.5	倒角加工	X25	
G80 X0 Z－1.5I－1.5		X15	
G80 X0 Z－2I－2		X20	
G90 G00 X36Z52		X10	
Z100		X15	
T0100		X5	
M06 T0404	换4号刀	X10	
G91 G00Z－73	退刀横加工	X－3	
X－31		G90 G00 X36 Z52	
G01X－2.5		T0400	
X2.5		M05	
X－3		M02	
X3		O1004	子程序（外形加工）
X－3.5		G91 G01 X－0.5	
X3.5		Z25	
X－4		X2 Z－5	
X4		Z－11	
G90 G00 X36Z52		G02 X8 Z－4R4	
Z100		G01 X2	
T0400		G00 Z45	
M06 T0303	换3号刀	G01 X－12	
G90 G01 X15Z52	螺纹加工	M99	

8.2 数控铣床加工

1. 数控铣床加工概述

数控铣床主要用于各类平面、曲面、沟槽、齿形、内孔等的加工。数控铣床是以铣削为加工方式的数控机床，世界上出现的第一台数控机床就是数控铣床，其特有的三轴联动特性，多用于模具、样板、叶片、凸轮、连杆和箱体的加工，在制造业中占有举足轻重的地位。

（1）数控铣床加工的对象。按机床主轴的布置形式及机床的布局特点来分类，它可分为立式、卧式和龙门数控铣床等，如图 8.7～图 8.9 所示。

图 8.7 立式数控铣床

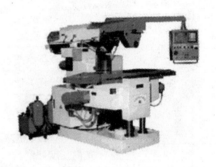

图 8.8 卧式数控铣床

立式数控铣床一般适宜盘、套、板类工件的加工，一次装夹后，可对上述工件表面进行铣、钻、扩、镗、攻螺纹等工序以及侧面的轮廓加工；卧式数控铣床一般带有回转工作台，便于加工工件的不同侧面，适宜箱体类工件加工；龙门数控铣床，适用于大型或形状复杂的工件加工。

（2）数控铣床的加工特点。数控铣削对工件的适应性强、灵活性好，可以加工轮廓形状非常复杂或难以控制尺寸的工件，如壳体、模具工件等；可在一次装夹后，对工件进行多道工序的加工，使工序高度集中，减小装夹误差，大大提高了生产效率和加工精度；加工质量稳定可靠，一般不需要使用专用夹具和工艺装备，生产自动化程度高；另外，数控铣削加工

图 8.9 龙门数控铣床

对刀具的要求较高，要求刀具应具有良好的抗冲击性、韧性和耐磨性。

（3）数控铣床的基本指令。准备功能又称 G 功能或 G 指令、G 代码。它是用来控制数控铣床进行加工运动和插补方式的。常用 G 代码及功能见表 8 - 4，M 指令见表 8 - 2。

表 8 - 4　数控铣床基本指令

代码	组号	功能	代码	组号	功能
G00	01	快速点定位	G50.1	10	取消镜像功能
G01		直线插补	G51.1		镜像功能
G02		圆弧/螺旋线插补（顺圆）	G53	00	选择机床坐标系
G03		圆弧/螺旋线插补（逆圆）	G54	14	选择第一机床坐标系
G04	00	暂停	G55		选择第二机床坐标系
G17	02	选择 XY 平面	G56		选择第三机床坐标系
G18		选择 ZX 平面	G57		选择第四机床坐标系
G19		选择 YZ 平面	G58		选择第五机床坐标系
G20	06	英制输入	G59		选择第六机床坐标系
G21		米制输入	G80	09	取消固定循环
G28	00	自动返回参考点	G81		定点钻孔循环
G29		从参考点移出	G83		深孔加工循环
G40	07	取消刀具半径补偿	G90	03	绝对值编程
G41		刀具半径左补偿	G91		增量值编程
G42		刀具半径右补偿	G92	00	设定零件坐标系
G43	08	正向长度补偿	G98	04	返回到起始点
G44		负向长度补偿	G99		返回到 R 平面
G49		取消长度补偿			

2. **数控铣床的操作使用**

1）数控铣床的编程方法

（1）参考点操作。

① 返回参考点（G28）。该指令格式为：G28X_Y_Z_；

执行 G28 指令后，各轴快速移动到设定的坐标值为 X、Y、Z 中间点位置，返回到参考点定位。指令轴的中间点坐标值，可用绝对值指令或增量值指令。

② 从参考点返回（G29）。指令格式：G29X_Y_Z_；

执行 G29 指令，首先使各轴快速移动到 G28 所设定的中间点位置，然后再移动到 G29 所设定的坐标值为 X、Y、Z 的返回点位置上定位。用增量值指令时其值为对中间点的增量值。

（2）坐标系的设定操作。

① 平面选择指令(G17、G18、G19)用于选择圆弧插补平面和刀具补偿平面。该组指令为模态指令，在数控铣床上，数控系统初始状态一般默认为 G17 状态。若要在其他平面上加工则应使用坐标平面选择指令。

② 设定工件坐标系(G92)，指令格式为：G92X_Y_Z_；

该指令设定起刀点即程序开始运动的起点，从而建立工件坐标系。工件坐标系原点又称为程序零点，执行 G92 指令后，也就确定了起刀点与工件坐标系坐标原点的相对距离。但该指令只是设定坐标系，机床各部件并未产生任何运动。G92 指令执行前的刀具位置，需放在程序所要求的位置上。如果刀具所在位置不同，设定出的工件坐标系的坐标原点位置也会不同。

③ 工件加工坐标系选择指令(G54～G59)，若在工作台上同时加工多个相同工件或不同工件，它们都有各自的尺寸基准，在编程过程中，有时为避免尺寸换算，可以建立 6 个工件坐标系，其坐标原点设在便于编程的某一固定点上。当加工某一工件时，只要选择相应工件坐标系编制加工程序。在机床坐标系中确定 6 个工件坐标系坐标原点的坐标值后，通过 CRT/MDI 方式输入设定。

G54～G59 指令是通过 CRT/MDI 在设置参数的方式下设定工件坐标系的，一经设定，工件坐标原点在机床坐标系中的位置是不变的。它与刀具的当前位置无关，除非更改，在系统断电后并不破坏，再次开机回参考点后仍有效。

(3) 刀具补偿操作。它包括刀具的长度补偿和半径补偿。

① 刀具长度补偿(G43、G44、G49)指令，格式为：G01/G00 G43Z_H_；G01/G00 G44Z_H_；G01/G00 G49。在加工过程中，利用该功能可以补偿刀具因磨损、重磨、换新刀而发生的长度变化，或者加工一工件需用几把刀，而各刀的长度不同。刀具长度补偿功能用于在 Z 轴方向的刀具补偿，它可使刀具在 Z 轴方向的实际位移量大于或小于编程给定位移量。其中 G43 为刀具长度正补偿，G44 为刀具长度负补偿，G49 为取消刀具长度补偿，Z 为程序中的指令值。H 为偏置号，后面一般用两位数字表示代号。H 代码中放入刀具的长度补偿值作为偏置量。这个号码与刀具半径补偿共用。对于存放在 H 中的数值，在 G43 时是加到 Z 轴坐标值中，在 G44 时是从原 Z 轴坐标中减去，从而形成新的 Z 轴坐标。

② 刀具半径补偿(G40，G41，G42)指令，在数控铣床进行轮廓加工时，因铣刀具有一定半径，所以刀具中心轨迹和工件轮廓不重合。若不考虑刀具半径，直接按照工件轮廓编程是比较方便的，而加工出工件尺寸比图样要求小了一圈(外轮廓加工时)或大了一圈(内轮廓加工时)，为此必须使刀具沿工件轮廓的法向偏移一个刀具半径，这就是所谓的刀具半径补偿，如图 8.10 所示。

其格式为：G17 G00/G01 G41/G42X_Y_H_ (或 D_)(F_)；G17 G00/G01 G40X_Y_(F_)。

其中 G41 为左偏刀具半径补偿，是指沿着刀具运动方向向前看(假设工件不动)，刀具位于工件左侧的刀具半径补偿，这时相当于顺铣，如图 8.11(a)所示。G42 为右偏刀具半径补偿，是指沿着刀具运动方向向前看(假设工件不动)，刀具位于工件右侧的刀具半径补偿，

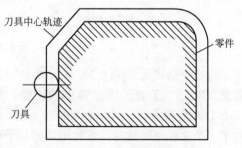

刀具中心轨迹

零件

刀具

图 8.10 刀具半径补偿

此时为逆铣，如图 8.11(b)所示。

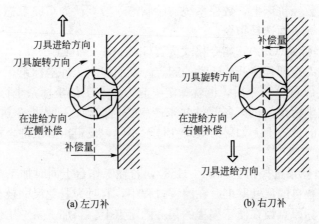

(a) 左刀补   (b) 右刀补

图 8.11 刀具补偿方向

G40 为刀具半径补偿取消，使用该指令后，使 G41、G42 指令无效。G17 在 XY 平面内指定，其他 G18、G19 平面形式虽然不同，但原则一样。X、Y 为建立与撤销刀具半径补偿直线段的终点坐标值。H 或 D 为刀具半径补偿寄存器的地址字，在对应刀具补偿号码的寄存器中存有刀具半径补偿值。

（4）子程序调用指令(M98，M99)。调用子程序(M98)格式为：M98P_；调用地址 P 后跟 8 位数字，前 4 位为调用次数，后 4 位为子程序号。如 M98P00120001，表示调用 1 号子程序 12 次。调用次数为 1 次时，可省略调用次数。M99 指令表示子程序结束，并返回主程序 M98P_的下一程序段，继续执行主程序。

（5）镜像功能操作指令(G51.1，G50.1)。当加工某些对称图形时，为避免重复编制相类似的程序，缩短加工程序，可采用镜像加工功能。如图 8.12(a)、图 8.12(b)、图 8.12(c)分别是 Y 轴、X 轴和原点对称图形，编程轨迹为一半图形，另一半图形可通过镜像加工指令完成，有时可由外部开关来设定镜像功能。

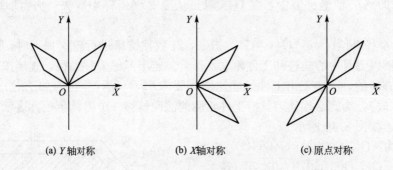

(a) Y 轴对称   (b) X 轴对称   (c) 原点对称

图 8.12 对称图形

该指令格式为：G51.1X_Y_；G50.1X_Y_；其中 G51.1 为镜像设定，G50.1 为镜像取消，X、Y、Z 表示坐标轴上的镜像，如同在坐标轴位置上置放一面镜子，若程序段 G51.1X0 为程序对于 X 坐标轴的值对称，其对称轴为 X＝0 的直线，即 Y 轴。当工件形状对于一个坐标轴对称时，可利用镜像与子程序，只对对称工件的一部分进行编程，来实现对整个工件的加工。

2）数控铣床的编程实例

如图 8.13 所示为用数控铣床加工平面凸轮零件的实例。

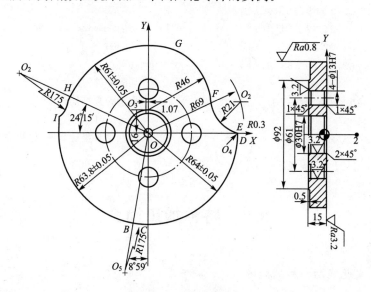

图 8.13　平面凸轮零件

3）数学处理。该凸轮加工轮廓均为圆弧组成，只需计算出基点坐标，便可编制程序。加工路线如图 8.14 所示。

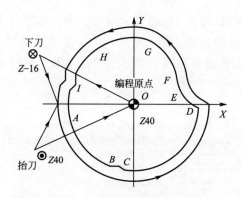

图 8.14　平面凸轮加工路线

4）平面凸轮加工的程序及说明

程序	说明
N10 G54 X0 Y0 Z40;	进入加工坐标系;
N20 G90 G00 G17 X-73.8 Y20;	由起刀点到加工开始点;
N30 G00 Z0;	下刀至零件上表面;
N40 G01 Z-16 F200;	下刀至零件下表面以下 1mm;
N50 G42 G01 X-63.8 Y10 F80 H01;	开始刀具半径补偿;
N60 G01 X-63.8 Y0;	切入零件至A 点;
N70 G03 X-9.96 Y-63.02 R63.8;	切削AB ;
N80 G02 X-5.57 Y-63.76 R175;	切削BC ;
N90 G03 X63.99Y-0.28 R64;	切削CD ;

```
N100 G03 X63.72 Y0.03 R0.3;                切削DE；
N110 G02 X44.79 Y19.6 R21;                 切削EF；
N120 G03 X14.79 Y59.18 R46;                切削FG；
N130 G03 X-55.26 Y25.05 R61;               切削GH；
N140 G02 X-63.02 Y9.97 R175;               切削HI；
N150 G03 X-63.80 Y0 R63.8;                 切削IA；
N160 G01 X-63.80 Y-10;                     切削零件；
N170 G01 G40 X-73.8 Y-20;                  取消刀具补偿；
N180 G00 Z40;                              Z向抬刀；
N190 G00 X0 Y0 M02;                        返回加工坐标系原点,程序结束
```

参数设置：H01=10，G54：X=-400，Y=-100，Z=-80。

8.3   特种加工简介

1. 数控电火花线切割加工概述

它是电火花加工的一个分支，是一种直接利用电能和热能进行加工的工艺方法，它是指用一根移动着的导线（电极丝）作为工具电极对工件进行切割。切割加工中，工件和电极丝的相对运动是由数字控制实现的，故又称为数控电火花线切割加工，简称线切割加工。

1）机床的分类与组成

（1）分类。其分类方法具体有：按走丝速度可分为慢速走丝方式和高速走丝方式；按加工特点可分为大、中、小型以及普通直壁切割型与锥度切割型；按脉冲电源形式可分为RC电源、晶体管电源、分组脉冲电源及自适应控制电源。数控电火花线切割加工机床的型号如图8.15所示。

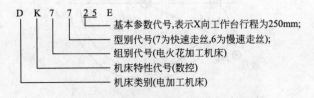

图 8.15   线切割加工机床的型号含义

（2）基本组成。它由机床主机和控制台两部分组成，如图8.16所示。

控制台中装有控制系统和自动编程系统，能在控制台中进行自动编程和对机床坐标工作台的运动进行数字控制。

机床主机主要包括坐标工作台、运丝机构、丝架、冷却系统和床身五个部分。图8.17为快走丝线切割机床主机示意图。

坐标工作台用来装夹被加工的工件，其运动分别由两个步进电机控制。

运丝机构控制电极丝与工件之间产生相对运动。

图 8.16　线切割机床

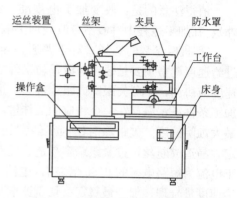

图 8.17　快走丝线切割机床主机

丝架与运丝机构一起构成电极丝的运动系统。其功能主要是对电极丝起支撑作用，并使电极丝工作部分与工作台平面保持一定的几何角度，以满足各种工件(如带锥工件)加工的需要。

冷却系统提供有一定绝缘性能的工作介质——工作液，同时可对工件和电极丝进行冷却。

2) 线切割的加工工艺与工装

(1) 加工工艺。线切割的加工工艺主要是电加工参数和机械参数。电加工参数包括脉冲宽度和频率、放电间隙、峰值电流等。机械参数包括进给速度和走丝速度等。应综合考虑各参数对加工的影响，合理选择工艺参数，在保证工件加工质量的前提下，提高生产率，降低生产成本。

① 电加工参数的选择。正确选择脉冲电源加工参数，可提高加工工艺指标和加工稳定性。粗加工时，应选用较大加工电流和大脉冲能量，使材料去除率高(即加工生产率高)。精加工时，应选用较小加工电流和小单脉冲能量，来获得较低的表面粗糙度值。

加工电流是指通过加工区的电流平均值，单个脉冲能量大小，主要由脉冲宽度、峰值电流、加工幅值电压决定。脉冲宽度是指脉冲放电时脉冲电流持续的时间，峰值电流指放电加工时脉冲电流峰值，加工幅值电压指放电加工时脉冲电压的峰值。下列电规准实例仅供使用时参考：

在精加工时，脉冲宽度选择最小档，电压幅值选择低档，幅值电压为75V左右，接通一到二个功率管，调节变频电位器，加工电流控制在 0.8～1.2A，加工表面粗糙度 $Ra \leqslant 2.5\mu m$。

采用最大材料去除率加工时，脉冲宽度选择四到五档，电压幅值选取"高"值，幅值电压为100V左右，功率管全部接通，调节变频电位器，加工电流控制在 4～4.5A，可获得 $100mm^2/min$ 左右的去除率(加工生产率)(材料厚度在 40～60mm)。

在进行大厚度工件加工(大于 300mm)时，幅值电压调至"高"档，脉冲宽度选五到六档，功率管开 4～5 个，加工电流控制在 2.5～3A，材料去除率大于 $30mm^2/min$。

在对较大厚度工件加工(60～100mm)时：幅值电压打至高档，脉冲宽度选取五档，功率管开 4 个左右，加工电流调至 2.5～3A，材料去除率 $50～60mm^2/min$。

对于薄工件加工，幅值电压选低档，脉冲宽度选第一或第二档，功率管开 2～3 个，加工电流调至 1A 左右。

值得注意的是：改变加工电规准，必须关断脉冲电源输出（调整间隔电位器 RP1 除外），在加工过程中一般不应改变加工电规准，否则会造成加工表面粗糙度不一致。

② 机械参数的选择。对于普通快走丝线切割机床，其走丝速度一般是固定不变的。进给速度调整主要是通过电极丝与工件之间的间隙来调整。切割加工时，进给速度和电蚀速度应协调，不可欠跟踪或跟踪过紧。进给速度调整主要靠调节变频进给量，在某一具体加工条件下，只存在一个相应的最佳进给量，此时钼丝进给速度恰好等于工件实际可能的最大蚀除速度。欠跟踪时使加工经常处于开路状态，无形中降低了生产率，且电流不稳定，易造成断丝，过紧跟踪容易造成短路，会降低材料去除率。一般调节变频进给，使加工电流为短路电流的 0.85 倍左右（电流表指针略有晃动即可）。最佳工作状态，即变频进给速度最合理、加工最稳定、切割速度最高，根据进给状态调整变频的方法见表 8-5。

表 8-5 根据进给状态调整变频的方法

变频状态	进给状态	加工面状况	切割速度	电极丝	变频调整
过跟踪	慢而稳	焦褐色	低	略焦，老化快	应减慢进给速度
欠跟踪	忽慢忽快 不均匀	不光洁 易出深痕	较快	易烧丝，丝上 有白斑伤痕	应加快进给速度
欠佳跟踪	慢而稳	略焦褐，有条纹	低	焦色	应稍增加进给 速度
最佳跟踪	很稳	发白，光洁	快	发白，老化慢	不需再调整

（2）线切割加工工艺装备的应用。工件装夹形式直接影响着加工精度。一般是在通用夹具上采用压板螺钉固定工件。为适应各种形状工件加工需要，还可使用磁性夹具或专用夹具。

① 常用夹具的名称、用途及使用方法。

压板夹具主要用于固定平板状的工件，对稍大工件应成对使用。夹具上如有定位基准面，则加工前应先用划针或百分表找正夹具定位基准面与对应的工作台导轨平行。夹具成对使用时两件基准面的高度一定要相等，否则切割出的型腔与工件端面不垂直，易造成废品。

磁性夹具采用磁性工作台或磁性表座来夹持工件，主要适应于夹持钢质工件，靠磁力吸住工件，不需压板和螺钉，操作快速方便，定位后不会因压紧而变动，如图 8.18 所示。

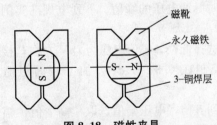

图 8.18 磁性夹具

② 工件装夹的一般要求为：工件基准面应清洁无毛刺，经热处理的工件，在穿丝孔内及扩孔的台阶处，要清除热处理残物及氧化皮；夹具应有必要的精度，将其稳固地固定在工作台上，拧紧螺丝时用力要均匀；工件装夹位置应有利于工件找正，并与机床的行程相适应，工作台移动时工件不得与丝架相碰；对工件的夹紧力要均匀，不得使工件变形或翘起；进行大批零件加工时，最好采用专用夹具，以提高生产效率；细小、精密、薄壁的工件应固定在不易变形的辅助夹具上。

③ 支撑装夹方式主要有悬臂支撑方式、两端支撑方式、桥式支撑方式、板式支撑方式和复式支撑方式等。

④ 工件的调整。在进行工件装夹时，须配合找正进行调整，使工件定位基准面与机床的工作台面或工作台进给方向平行，以保证所切割表面与基准面之间的相对位置精度。常用的找正方法有：用百分表找正，如图 8.19 所示，用磁力表架将百分表固定在丝架上，往复移动工作台，按百分表上指示值调整工件位置，直至百分表指针偏摆范围达到所要求的精度；按划线找正，如图 8.20 所示，利用固定在丝架上的划针对正工件上划出的基准线，往复移动工作台，目测划针与基准线间的距离情况，调整工件位置，适应于精度要求不高的工件加工。

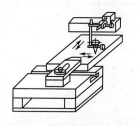

图 8.19　百分表找正

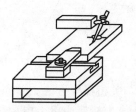

图 8.20　划线找正

（3）电极丝位置的调整。线切割加工前，应将电极丝调整到切割的起始坐标位置上，其调整方法有：

① 目测法，如图 8.21 所示，利用穿丝孔处划出的十字基准线，分别沿划线方向观察电极丝与基准线的相对位置，根据两者的偏离情况移动工作台，当电极丝中心分别与纵、横方向基准线重合时，工作台纵、横方向刻度盘上的读数就确定了电极丝的中心位置。

② 火花法，如图 8.22 所示，开启高频及运丝筒(注意：电压幅值、脉冲宽度和峰值电流均要达到最小，且不要开冷却液)，移动工作台使工件的基准面靠近电极丝，在出现火花的瞬时，记下工作台的相对坐标值，再根据放电间隙计算电极丝中心坐标。此法虽简单易行，但定位精度较差。

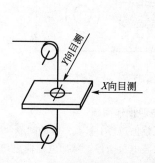

图 8.21　目测法调整电极丝位置

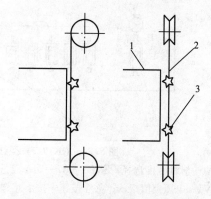

图 8.22　火花法调整电极丝位置
1—工件；2—电极丝；3—火花

③ 自动找正，一般线切割机床，都具有自动找边、自动找中心的功能，找正精度较高。操作方法因机床而异。

2. 数控电火花线切割机床的操作

1) 数控快走丝电火花线切割机床的操作

以苏州长风 DK7725E 型线切割机床为例,介绍线切割机床的操作。如图 8.23 所示为 DK7725E 型线切割机床的操作面板。

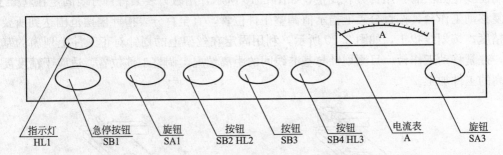

图 8.23　DK7725E 型线切割机床操作面板

（1）开机与关机操作方法。

① 开机。合上机床主机上电源总开关；松开机床电气面板上急停按钮 SB1；合上控制柜上电源开关，进入线切割机床控制系统；按要求装上电极丝；逆时针旋转 SA1；按 SB2，启动运丝电机；按 SB4，启动冷却泵；顺时针旋转 SA3，接通脉冲电源。

② 关机。逆时针旋转 SA3，切断脉冲电源；按下急停按钮 SB1；运丝电机和冷却泵将同时停止工作；关闭控制柜电源；关闭机床主机电源。

（2）脉冲电源调整操作。

① 7725E 型线切割机床脉冲电源简介。电气柜脉冲电源操作面板简介，如图 8.24 所示。

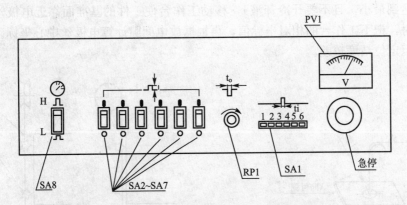

图 8.24　DK7725E 型线切割机床脉冲电源操作面板

SA1—脉冲宽度选择；SA2～SA7—功率管选择；SA8—电压幅值选择；RP1—脉冲间隔调节；
PV1—电压幅值指示；急停按钮—按下此键，机床运丝、水泵电机全停，脉冲电源输出切断

② 电源参数简介。脉冲宽度 ti 选择开关 SA1 共分六档，从左边开始往右边分别为：

第一档：$5\mu s$　第二档：$15\mu s$　第三档：$30\mu s$

第四档：$50\mu s$　第五档：$80\mu s$　第六档：$120\mu s$

功率管个数选择开关 SA2～SA7 可控制参加工作的功率管个数，如六个开关均接通，

六个功率管同时工作,这时峰值电流最大。如五个开关全部关闭,只有一个功率管工作,此时峰值电流最小。每个开关控制一个功率管。

幅值电压选择开关 SA8 用于选择空载脉冲电压幅值,开关按至"L"位置,电压为 75V 左右,按至"H"位置,则电压为 100V 左右。

改变脉冲间隔 t0,可通过调节电位器 RP1 阻值实现,即改变了加工电流的平均值,电位器旋置最左,脉冲间隔最小,加工电流的平均值最大。

电压表 PV1,由 0~150V 直流表指示空载脉冲电压幅值。

2)线切割机床控制系统

如图 8.25 所示为控制面板界面,7725E 型线切割机床配有 CNC-10A 自动编程和控制系统。

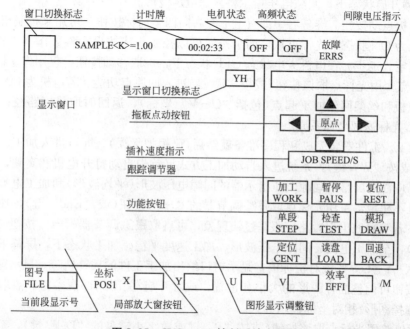

图 8.25 CNC-10A 控制系统主界面

(1)系统的启动与退出。在计算机桌面上双击 YH 图标,即可进入 CNC-10A 控制系统。按"Ctrl+Q"退出控制系统。

(2)CNC-10A 控制系统界面示意图,如图 8.25 所示。

(3)CNC-10A 控制系统功能及操作详解。系统所有的操作按钮、状态、图形显示全部在屏幕上实现。各种操作命令均可用轨迹球或相应的按键完成。鼠标器操作时,可移动鼠标器,使屏幕上显示的箭状光标指向选定的屏幕按钮或位置,然后用鼠标器左键点击,即可选择相应的功能,现将各种控制功能介绍如下。

【1】显示窗口。该窗口下用来显示加工工件的图形轮廓、加工轨迹或相对坐标、加工代码。

【2】显示窗口切换标志。用轨迹球点取该标志(或按'F10'键),可改变显示窗口的内容。系统进入时,首先显示图形,以后每点取一次该标志,依次显示"相对坐标"、"加工代码"、"图形"……,其中相对坐标方式,以大号字体显示当前加工代码的相对坐标。

【3】间隙电压指示。显示放电间隙的平均电压波形(也可设定为指针式电压表方式)。在波形显示方式下,指示器两边各有一条 10 等分线段,空载间隙电压定为 100％(即满幅值),等分线段下端的黄色线段指示间隙短路电压的位置。波形显示的上方有两个指示标志:短路回退标志"BACK",该标志变红色,表示短路;短路率指示,表示间隙电压在设定短路值以下的百分比。

【4】电机状态。在电机标志右边有状态指示标志 ON(红色)或 OFF(黄色)。ON 状态,表示电机上电锁定(进给);OFF 状态为电机释放。用光标点取该标志可改变电机状态(或用数字小键盘区的'Home'键)。

【5】高频状态。在脉冲波形图符右侧有高频电压指示标志。ON(红色)、OFF(黄色)表示高频的开启与关闭;用光标点该标志可改变高频状态(或用数字小键盘区的"PgUp"键)。在高频开启状态下,间隙电压指示将显示电压波形。

【6】拖板点动按钮。屏幕右中部有上下左右向四个箭标按钮,可用来控制机床点动运行。若电机为 ON 状态,光标点取这四个按钮可以控制机床按设定参数作 X、Y 或 U、V 方向点动或定长走步。在电机失电状态 OFF 状态下,点取移动按钮,仅用作坐标计数。

【7】原点。用光标点取该按钮(或按"I"键)进入回原点功能。若电机为 ON 状态,系统将控制拖板和丝架回到加工起点(包括"U-V"坐标),返回时取最短路径;若电机为 OFF 状态,光标返回坐标系原点。

【8】加工。工件安装完成和程序准备就绪后(已模拟无误),即可进入加工。用光标点取该按钮(或按"W"键),系统进入自动加工方式。首先自动打开电机和高频,然后进行插补加工。应注意屏幕上间隙电压指示器的间隙电压波形(平均波形)和加工电流。若加工电流过小且不稳定,可用光标点取跟踪调节器的'＋'按钮(或'End'键),加强跟踪效果。反之,若频繁地出现短路等跟踪过快现象,可点取跟踪调节器'－'按钮(或'Page-Down'键),至加工电流、间隙电压波形、加工速度平稳。加工状态下,屏幕下方显示当前插补的 X-Y、U-V 绝对坐标值,显示窗口绘出加工工件的插补轨迹。显示窗下方的显示器调节按钮可调整插补图形的大小和位置,或者开启/关闭局部观察窗。点取显示切换标志,可选择图形/相对坐标显示方式。

【9】暂停。用光标点取该按钮(或按"P"键或数字小键盘的"Del"键),系统将终止当前的功能(如加工、单段、控制、定位、回退)。

【11】复位。用光标点取该按钮(或按"R"键)将终止当前一切工作,消除数据和图形,关闭高频和电机。

【12】单段。用光标点取该按钮(或按"S"键),系统自动打开电机、高频,进入插补工作状态,加工至当前代码段结束时,系统自动关闭高频,停止运行。再按［单段］,继续进行下段加工。

【13】检查。用光标点取该按钮(或按"T"键),系统以插补方式运行一步,若电机处于 ON 状态,机床拖板将作响应的一步动作,在此方式下可检查系统插补及机床的功能是否正常。

【14】模拟。模拟检查功能可检验代码及插补的正确性。在电机失电状态下(OFF 状态),系统以每秒 2500 步的速度快速插补,并在屏幕上显示其轨迹及坐标。若在电机锁定状态下(ON 状态),机床空走插补,拖板将随之动作,可检查机床控制联动的精度及正确性。"模拟"操作方法如下:读入加工程序,根据需要选择电机状态后,按［模拟］钮(或

D 键），即进入模拟检查状态。

屏幕下方显示当前插补的 X－Y、U－V 坐标值（绝对坐标），若需要观察相对坐标，可用光标点取显示窗右上角的［显示切换标志］（或 F10 键），系统将以大号字体显示，再点取［显示切换标志］，将交替地处于图形/相对坐标显示方式，点取显示调节按钮最左边的局部观察钮（或'F1'键），可在显示窗口的左上角打开一局部观察窗，在观察窗内显示放大十倍的插补轨迹。若需中止模拟过程，可按［暂停］钮。

【15】定位。系统可依据机床参数设定，自动定中心及±X、±Y 四个端面。定位方式选择如下：

① 用光标点取屏幕右中处的参数窗标志［OPEN］（或按"O"键），屏幕上将弹出参数设定窗，可见其中有［定位 LOCATION　XOY］一项。

② 将光标移至 XOY 处轻点左键，将依次显示为 XOY、XMAX、XMIN、YMAX、YMIN。

③选定合适的定位方式后，用光标点取参数设定窗左下角的 CLOSE 标志。

光标点取电机状态标志，使其成为 ON（原为 ON 可省略）。按［定位］钮（或 C 键），系统将根据选定的方式自动进行对中心、定端面的操作。在钼丝遇到工件某一端面时，屏幕会在相应位置显示一条亮线。按［暂停］钮可中止定位操作。

【16】读盘。将存有加工代码文件的软盘插入软驱中，用光标点取该按钮（或按"L"键），屏幕将出现磁盘上存储全部代码文件名的数据窗。用光标指向需读取的文件名，轻点左键，该文件名背景变成黄色；然后用光标点取该数据窗左上角的"□"（撤销）钮，系统自动读入选定的代码文件，并快速绘出图形。该数据窗的右边有上下两个三角标志"△"按钮，可用来向前或向后翻页，当代码文件不在第一页中显示时，可用翻页来选择。

【17】回退。系统具有自动/手动回退功能。在加工或单段加工中，一旦出现高频短路现象，系统即自动停止插补，若在设定的控制时间内（由机床参数设置），短路达到设定的次数，系统将自动回退。若在设定的控制时间内，短路仍不能消除，系统将自动切断高频，停机。在系统静止状态（非［加工］或［单段］），按下［回退］钮（或按"B"键），系统作回退运行，回退至当前段结束时，自动停止；若再按该按钮，继续前一段的回退。

【18】跟踪调节器。该调节器用来调节跟踪的速度和稳定性，调节器中间红色指针表示调节量的大小；表针向左移动，位跟踪加强（加速）；向右移动，位跟踪减弱（减速）。指针表两侧有两个按钮，"＋"按钮（或"End"键）加速，"－"按钮（或"PgDn"键）减速；调节器上方英文字母 JOB SPEED/S 后面的数字量表示加工的瞬时速度。单位为：步/秒。

【19】段号显示。此处显示当前加工的代码段号，也可用光标点取该处，在弹出屏幕小键盘后，键入需要起割的段号。（注：锥度切割时，不能任意设置段号）。

【20】局部观察窗。点击该按钮（或 F1 键），可在显示窗口的左上方打开一局部窗口，其中将显示放大十倍的当前插补轨迹；再按该按钮时，局部窗关闭。

【21】图形显示调整按钮。这六个按钮有双重功能，在图形显示状态时，其功能依次为："＋"或 F2 键：图形放大 1.2 倍；"－"或 F3 键：图形缩小 0.8 倍；←或 F4 键：图形向左移动 20 单位；"→"或 F5 键：图形向右移动 20 单位；↑或 F6 键：图形向上移动 20 单位；"↓"或 F7 键：图形向下移动 20 单位。

【22】坐标显示。屏幕下方"坐标"部分显示 X、Y、U、V 的绝对坐标值。

【23】效率。此处显示加工的效率，单位：mm/min；系统每加工完一条代码，即自动统计所用的时间，并求出效率。

【24】YH窗口切换。光标点取该标志或按"ESC"键，系统转换到绘图式编程屏幕。

【25】图形显示的缩放及移动。在图形显示窗下有小按钮，从最左边算起分别为对称加工、平移加工、旋转加工和局部放大窗开启/关闭（仅在模拟或加工态下有效），其余依次为放大、缩小、左移、右移、上移、下移，可根据需要选用这些功能，调整在显示窗口中图形的大小及位置。具体操作可用轨迹球点取相应的按钮，或从局部放大起直接按F1、F2、F3、F4、F5、F6、F7键。

【26】代码的显示、编辑、存盘和倒置。用光标点取显示窗右上角的［显示切换标志］（或'F10'键），显示窗依次为图形显示、相对坐标显示、代码显示（模拟、加工、单段工作时不能进入代码显示方式）。在代码显示状态下用光标点取任一有效代码行，该行即点亮，系统进入编辑状态，显示调节功能钮上的标记符号变成：S、I、D、Q、↑、↓，各键的功能变换成：S——代码存盘；I——代码倒置（倒走代码变换）；D——删除当前行（点亮行）；Q——退出编辑态；↑——向上翻页；↓——向下翻页。

在编辑状态下可对当前点亮行进行输入、删除操作（键盘输入数据）。编辑结束后，按Q键退出，返回图形显示状态。

【27】计时牌功能。系统在［加工］、［模拟］、［单段］工作时，自动打开计时牌。终止插补运行，计时自动停止。用光标点取计时牌，或按"O"键可将计时牌清零。

【28】倒切割处理。读入代码后，点取［显示窗口切换标志］或按"F10"键，直至显示加工代码。用光标在任一行代码处轻点一下，该行点亮。窗口下面的图形显示调整按钮标志转成S、I、D、Q等；按"I"钮，系统自动将代码倒置（上下异形件代码无此功能）；按"Q"键退出，窗口返回图形显示。在右上角出现倒走标志"V"，表示代码已倒置，［加工］、［单段］、［模拟］以倒置方式工作。

【29】断丝处理。加工遇到断丝时，可按［原点］（或按"I"键）拖板自动返回原点，锥度丝架也将自动回直（注：断丝后切不可关闭电机，否则即将无法正确返回原点）。若工件加工已将近结束，可将代码倒置后，再行切割（反向切割）。

3）电极丝的绕装

如图8.26所示，具体绕装过程如下：

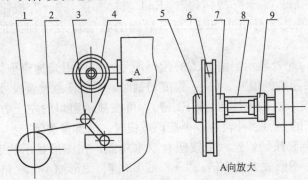

A向放大

图8.26 电极丝绕至贮丝筒上示意图

1—储丝筒；2—钼丝；3—排丝轮；4—上丝架；5—螺母；
6—钼丝盘；7—挡圈；8—弹簧；10—调节螺母

（1）机床操纵面板 SA1 旋钮左旋。

（2）上丝起始位置在储丝筒右侧，用摇手手动将储丝筒右侧停在线架中心位置。

（3）将右边撞块压住换向行程开关触点，左边撞块尽量拉远。

（4）松开上丝器上螺母 5，装上钼丝盘 6 后拧上螺母 5。

（5）调节螺母 5，将钼丝盘压力调节适中。

（6）将钼丝一端通过丝轮 3 后固定在储丝筒 1 右侧螺钉上。

（7）空手逆时针转动储丝筒几圈，转动时撞块不能脱开换向行程开关触点。

（8）按操纵面板上 SB2 旋钮（运丝开关），储丝筒转动，钼丝自动缠绕在储丝筒上，到要求后，按操纵面板上 SB1 急停旋钮，即可将电极丝装至储丝筒上。

（9）将电极丝绕至丝架上。

4）工件的装夹与找正

（1）装夹工件前先校正电极丝与工作台的垂直度。

（2）选择合适的夹具将工件固定在工作台上。

（3）按工件图纸要求用百分表或其他量具找正基准面，使之与工作台的 X 向或 Y 向平行。

（4）工件装夹位置应使工件切割区在机床行程范围之内。

（5）调整好机床线架高度，切割时，保证工件和夹具不会碰到线架的任何部分。

5）机床操作步骤

（1）合上机床主机上电源开关。

（2）合上机床控制柜上电源开关，启动计算机，双击计算机桌面上 YH 图标，进入线切割控制系统。

（3）解除机床主机上的急停按钮。

（4）按机床润滑要求加注润滑油。

（5）开启机床空载运行两分钟，检查其工作状态是否正常。

（6）按所加工工件的尺寸、精度、工艺等要求，在线切割机床自动编程系统中编制线切割加工程序，并送控制台。或手工编制加工程序，并通过软驱读入控制系统。

（7）在控制台上对程序进行模拟加工，以确认程序准确无误。

（8）工件装夹。

（9）开启运丝筒。

（10）开启冷却液。

（11）选择合理的电加工参数。

（12）手动或自动对刀。

（13）点击控制台上的"加工"键，开始自动加工。

（14）加工完毕后，按"Ctrl＋Q"组合键退出控制系统，并关闭控制柜电源。

（15）拆下工件，清理机床。

（16）关闭机床主机电源。

3. 数控电火花线切割加工实例

1）加工示例

手工编程加工实例，如图 8.27 所示。

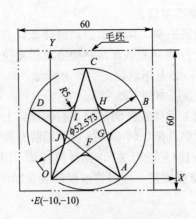

图 8.27   工件图形

（1）工艺分析。加工如图 8.27 所示工件外形，毛坯尺寸为 60mm×60mm，对刀位置必须设在毛坯之外，以图中 G 点坐标(−20，−10)作为起刀点，A 点坐标(−10，−10)作为起割点。为便于计算，编程时不考虑钼丝半径补偿值。逆时针方向走刀。

（2）编制加工程序 IS 程序。

程序	注解
G92 X−20000 Y−10000	以 O 点为原点建立工件坐标系,起刀点坐标为(−20,−10);
G01 X10000 Y0	从 G 点走到 A 点,A 点为起割点;
G01 X40000 Y0	从 A 点到 B 点;
G03 X0 Y20000 I0 J10000	从 B 点到 C 点;
G01 X−20000 Y0	从 C 点到 D 点;
G01 X0 Y20000	从 D 点到 E 点;
G03 X−20000 Y0 I−10000 J0	从 E 点到 F 点;
G01 X0 Y−40000	从 F 点到 A 点;
G01 X−10000 Y0	从 A 点回到起刀点 G;
M02	程序结束。

（3）程序的 3B 格式。

程序	注解
B10000 B0 B10000 GX L1	从 G 点走到 A 点,A 点为起割点;
B40000 B0 B40000 GX L1	从 A 点到 B 点;
B0 B10000 B20000 GX NR4	从 B 点到 C 点;
B20000 B0 B20000 GX L3	从 C 点到 D 点;
B0 B20000 B20000 GY L2	从 D 点到 E 点;
B10000 B0 B20000 GY NR4	从 E 点到 F 点;
B0 B40000 B40000 GY L4	从 F 点到 A 点;
B10000 B0 B10000 GX L3	从 A 点回到起刀点 G
D	程序结束。

（4）加工。按所述的机床操作步骤进行操作。

8.4 数控加工安全技术规范

（1）数控机床属于高精度设备，操作者应严格遵守各项操作规程。

（2）数控设备上严禁堆放任何工、夹、刃及量具等。

（3）严禁在未熟悉操作方法的情况下，触摸设备按钮开关。

（4）未经允许，不得擅自启动机床进行工件加工。

（5）严禁私自打开数控系统控制柜，进行观看和触摸。

（6）加工工件时，必须关上防护门，加工过程中不得随意打开防护门。

（7）加工工件时，必须严格按照规定的操作步骤进行，不得随意跳步执行。

（8）在数控机床控制计算机上，除进行程序编辑操作外，不得进行其他任何操作。

（9）严禁将未经指导老师验证的加工程序输入，擅自启动设备进行加工。

参 考 文 献

1. 邓文英. 金属工艺学(上、下册) [M]. 3 版. 北京：高等教育出版社，1991.
2. 张力真，徐允长. 金属工艺学实习教材 [M]. 2 版. 北京：高等教育出版社，1991.
3. 清华大学金属工艺学教研组. 金属工艺学实习教材 [M]. 北京：高等教育出版社，1982.
4. 黄明宇，徐钟林. 金工实习 [M]. 北京：机械工业出版社，2003.
5. 刘舜尧. 机械工程工艺基础 [M]. 长沙：中南大学出版社，2002.
6. 孔庆华 黄午阳. 制造技术基础 [M]. 上海：同济大学出版社，2000.
7. 曹光廷. 材料成型加工工艺及设备 [M]. 北京：化学工业出版社，2001.
8. 吕广庶，张远明. 工程材料及成形技术基础 [M]. 北京：高等教育出版社，2001.
9. 傅水根. 金工实习 [M]. 2 版. 北京：清华大学出版社，1998.
10. 中国机械工程学会铸造分会. 铸造手册 [M]. 2 版. 北京：机械工业出版社，2003.
11. 郭永环、姜银方. 金工实习 [M]. 北京：北京大学出版社，2009.
12. 周哲波. 机床数控技术及应用 [M]. 徐州：中国矿业大学出版社，2009.
13. 王志尧. 电火花线切割工艺 [M]. 北京：原子能出版社，1987.
14. 刘晋春. 特种加工 [M]. 北京：机械工业出版社，1999.
15. 张远明. 金属工艺学实习教材 [M]. 2 版. 北京：高等教育出版社，2003.
16. 陈培里. 金属工艺学——实习指导及实习报告 [M]. 杭州：浙江大学出版社，1996.
17. 郑晓，陈仪先. 金属工艺学实习教材 [M]. 北京：北京航空航天大学出版社，2005.
18. 孙以安，陈茂贞. 金工实习教学指导 [M]. 上海：上海交通大学出版社，1998.